参展单位

（按拼音字母排序）

北方工业大学
北京建筑工程学院
东北大学
东南大学
广州美术学院
海南师范大学
合肥工业大学
湖北美术学院
华南农业大学
江南大学
鲁迅美术学院
南开大学
清华大学
山东工艺美术学院
上海大学
深圳大学
沈阳大学
四川美术学院
苏州大学
天津城建学院
天津大学
天津理工大学
天津美术学院
天津商业大学宝德学院
同济大学
西安美术学院
浙江科技学院
浙江理工大学
中国美术学院
中央美术学院

特色课程·实录 上

●建筑设计课程　景观设计课程

第六届全国高等美术院校建筑与环境艺术设计专业教学年会

CHARACTERISTIC COURSE RECORD

The Sixth Annual Convention of the Architectural & Environmental Art Design Teaching in National Fine Arts Colleges

彭军 主编

中国建筑工业出版社

图书在版编目（CIP）数据

第六届全国高等美术院校建筑与环境艺术设计专业教学年会特色课程实录（上） 建筑设计课程，景观设计课程/彭军主编.—北京：中国建筑工业出版社，2009
 ISBN 978-7-112-11413-9

Ⅰ.第… Ⅱ.彭… Ⅲ.①建筑设计-课程设计-高等学校 ②景观-园林设计-课程设计-高等学校 Ⅳ.TU41

中国版本图书馆CIP数据核字（2009）第181738号

责任编辑：唐　旭　吴　绫
封面设计：鲁　睿　杨紫瑞
版式设计：刘　斐　陈海燕
责任校对：梁珊珊　关　健

第六届全国高等美术院校建筑与环境艺术
设计专业教学年会特色课程实录（上）
·建筑设计课程　景观设计课程·
彭军　主编

*

中国建筑工业出版社出版、发行（北京西郊百万庄）
各地新华书店、建筑书店经销
北京圣彩虹制版印刷技术有限公司制版
北京方嘉彩色印刷有限责任公司印刷

*

开本：889×1194毫米　1/20　印张：$8\frac{3}{5}$字数：255千字
2009年10月第一版　2009年10月第一次印刷
定价：55.00元
ISBN 978-7-112-11413-9
（18668）

版权所有　翻印必究
如有印装质量问题，可寄本社退换
（邮政编码 100037）

建筑与环境艺术专业特色课程交流展主办单位
中央美术学院
中国建筑工业出版社
天津美术学院

建筑与环境艺术专业特色课程交流展主办单位
天津美术学院

编委会荣誉主任：姜陆
荣誉副主任：于世宏　李炳训

主编：彭军
编委会主任：张惠珍　吕品晶
编委：马克辛　王海松　吕品晶　苏　丹　吴　昊
　　　吴晓淇　李东禧　张惠珍　赵　健　唐　旭
　　　　　　黄　耘　彭　军　詹旭军
（编委按姓氏笔画排序）

前言 PREFACE

2004年秋，中央美术学院与中国建筑工业出版社倡导举办了"第一届全国高等美术院校建筑与环境艺术专业教学研讨会"。几年来，全国十大美院以及部分建筑类院校、综合大学的建筑、艺术类院系以此为平台相互交流专业教学经验、观摩特色专业课程，为提高专业教学水平、出版高水平的专业教材作出了实实在在的贡献，在国内的专业教学领域内产生了强烈的反响。至2008年，该活动在西安美术学院举办的会议上正式更名为"全国高等美术院校建筑与环境艺术设计专业教学年会"。

2009年由天津美术学院举办第六届"全国高等美术院校建筑与环境艺术设计专业教学年会"。本届年会的会议主题为"专业设计教学的开放与发展"。同时举办主题展——"第六届全国高等美术院校建筑与环境艺术设计专业教学年会特色课程交流展"、"第六届全国高等美术院校建筑与环境艺术设计专业教学年会学生手绘设计表现图作品展"、"建筑与环境艺术设计专业毕业设计合作课程实验教学成果展"。旨在前五届的基础上对美术院校建筑以及环境艺术专业教学展开深层次的研讨和教学成果的交流，并进一步推进教材的深入编写工作。

天津美术学院设计艺术学院环境艺术设计系作为此次年会的承办单位，策划出版了《第六届全国高等美术院校建筑与环境艺术设计专业教学年会特色课程实录》及《第六届全国高等院校建筑与环境艺术设计专业优秀表现图作品集》。特别是《特色课程实录》是对国内高校建筑与环境艺术专业近几年来的专业课程教学的集中展示，也是建筑、环境艺术设计专业领域教学交流上的一个创举。这不仅是总结、交流教学成果与学术研讨的契机，也是21世纪设计艺术教育界的一次亲和对话，为教师及学生提供了有益的教学研究以及专业学习的参考资料。

兵法有云："谋定而后断"。一个好的课程计划会使专业教学的实施有一个科学的、有的放矢的切入点，使学生的学习变得事半功倍。在本书中，大量的教学范例和授课经验被很好地纳入了课程设计之中。本《特色课程实录》邀请了国内具有代表性的30所高校的建筑、环境艺术的教学单位参加，汇集了百余位教授、专家和青年教师的建筑设计、景观设计、室内设计、专业基础四类专业课程方向的60余门富有特色的优秀课程介绍。教师们将各具特色的教学大纲、教学创意阐述、优秀作业及分析等呕心沥血的学术成果贡献出来与大家分享，共同搭建了一个建筑与环境艺术设计专业相互学习、交流的平台。其共同努力，为提高中国的专业教学水平的无私奉献精神令人感动。也让我们深刻地感受到各兄弟院校对此次教学年会所给予的鼎力支持。

研读这些优秀的特色课程实录，可以真切地体会到教师们在日常的教学中严谨、认真的治学态度和风格迥异的教学方法。在每个课程介绍的字里行间中都凝聚着园丁们辛勤耕耘的汗水、不懈的探索与执着的追求。各校教师在课堂上践行梦想，力求在课程设计、教学手段和授课内容等方面寻求新的突破。

例如西安美术学院建筑环境艺术系的两门实验性课程，邀请了法国巴黎高等装饰艺术学院室内建筑系主任、教授Sylvestre Monnier（莫尼艾）讲授的"限制中的自由——生活空间进行时……"和Doninipu Thinot（多米尼克·提诺）开设的"走进石头的空间"课程，两位教授都有着鲜明的特点和个性，同时又有着西方文明传统的共同印记。他们富有灵动的创意而又不乏理性，或关注历史文脉的传承，或直面现代文明的律动……他们的思维模式和教学方法都在其课程教学和学生设计作品中得以鲜活的呈现和充分的传达。

再如，广州美术学院设计学院建筑与环境艺术设计系"毕业设计——三校联合毕业设计营"的实验课程，采取与中央美术学院、上海大学美术学院三校共同合作的方式完成了毕业设计实验教学，相同的选题由来自不同学校的同学共同参与。各校以此为基础，基于各自的项目设计和设计要求，对用地和空间进行规划，考虑不同的专业方向，对课题进行再解读，提出最终的设计目标。该毕业设计课程拓展了现有的建筑与环境艺术设计专业界限，探讨规划、建筑和室内空间一体化设计的可能，构筑设计理论与设计实践的桥梁，实践适应网络时代、信息社会的全新教学方法，探索激励学生创作激情的操作途径，并集全各界的资源和力量，通过院校与社会间的互动，产生全新的产、学、研结合的教学模式。

东南大学"'竹'——活动建筑装置设计"的课程设计颇具创意：通过对竹材特性的认识、考察，以概念为线索进行空间设计，在设计过程中穿插节点加工制作和作品搭建的操作环节，使学生在劳作的过程中完成了理论与实践、设计与实施的互动全过程，可以想见学生们所感悟到的学习心得是令人难以忘却的。

本套《特色课程实录》共收录了66门课程，有的课程虽是同一门或同一类课程，但是其课程设计、授课内容、方式手段不尽相同，各具特色，充分体现了一种"和而不同、重在创新"的理念，将其一并选录可以相互启迪、兼收并蓄，从而完善自己。

《全国高等美术院校建筑与环境艺术设计专业教学年会特色课程实录》集中展示和集结出版，在国内的专业教学领域尚属首次，这完全是兄弟院校通力合作的成果。特别感谢中国建筑工业出版社以及全国高等美术院校建筑与环境艺术设计专业教学年会组委会编委们的辛勤工作；诚挚地感谢兄弟院校的专业负责人的鼎力支持和任课教师们的积极参与。

本套书分上、下两册：上册收录的是建筑设计课程实录与景观设计课程实录；下册收录的是室内设计课程实录与设计基础课程实录。

天津美术学院设计艺术学院　副院长
环境艺术设计系　主任　教授
2009年9月

目录 | CONTENTS

PART 1 → 建筑设计课程 | Architectural Design Course

10 →	设计初步	北京建筑工程学院
18 →	建筑设计初步	清华大学
24 →	建筑初步1——空间训练基础	中央美术学院
30 →	建造基础2——结构造型z	中央美术学院
34 →	空间形态基础	广州美术学院
40 →	建筑设计及原理（一）、建筑设计及原理（二）	北京建筑工程学院
46 →	空间概念设计	天津美术学院
50 →	自然设计方法研究	南开大学
58 →	限制中的自由——生活空间进行时……	西安美术学院
64 →	建筑综合设计	浙江理工大学
70 →	别墅设计	中央美术学院
76 →	别墅设计	深圳大学
82 →	大尺度综合性建筑——多功能学生中心设计	中央美术学院
86 →	古典亭榭设计	中国美术学院
90 →	"竹"——活动建筑装置设计	东南大学
94 →	拆·解——大师作品解读与建筑形式逻辑认知	上海大学
98 →	毕业设计教学创新探索——历史建筑保护与再利用设计研究	同济大学
104 →	历史建筑测绘	上海大学
110 →	江南民居测绘	中国美术学院

目录 | CONTENTS

PART 2 → 景观设计课程 | Landscape Design Course

116 →	景观设计概论	中央美术学院
120 →	景观设计概论	湖北美术学院
124 →	景观艺术设计	天津美术学院
132 →	景观设计	浙江科技学院
138 →	景观设计专业综合设计课程	中央美术学院
144 →	广场景观设计	天津大学
148 →	江南民居测绘	中国美术学院
154 →	四川美术学院场地规划设计	四川美术学院
158 →	广西龙脊梯田SMH项目——School Mix Hotle	广州美术学院
162 →	毕业设计专题三校联合毕业设计营	广州美术学院
166 →	居住小区（步行街区）规划与设计	中央美术学院

特色课程实录 | CHARACTERISTIC COURSE RECORD

2004-2009 CHARACTERISTIC COURSE RECORD
NATIONAL UNIVERSITIES AND COLLEGES OF ARCHITECTURE AND ENVIRONMENTAL ART DESIGN
特色课程实录

建筑设计课程 | Architectural Design Course

课程名称：**设计初步**

主讲教师：**欧阳文**
1969年生于湖南衡阳。1992年毕业于西安建筑科技大学，获建筑学学士学位。1995年毕业于重庆建筑大学，获建筑学硕士学位。现任北京建筑工程学院建筑与城市规划学院设计基础教学部副主任、副教授、硕士生导师。

王欣
1976年生于浙江湖州。2000年毕业于天津城市建设学院建筑系，获学士学位。2000～2002年任职于北京非常建筑设计研究所。2005年毕业于北京大学建筑学研究中心，获硕士学位。2002年至今任职衣甫设计室，主持。2005至今任职于北京建筑工程学院建筑与城市规划学院。

金秋野
1975年生于辽宁沈阳。2000年毕业于大连理工大学，获学士学位。2003年毕业于大连理工大学，获硕士学位。2007年毕业于清华大学，获博士学位。现为北京建筑工程学院建筑与城市规划学院建筑系讲师，主要负责建筑理论课程的革新与讲授。

陆翔
北京建筑工程学院建筑与成规学院副教授、建造史论部部长。

李春青
北京建筑工程学院建筑与成规学院讲师、建筑系副主任。

一、课程大纲

课题名称：九宫格·造园

中国属性的建筑设计练习与研究系列 之 九宫格·造园

面对西方舶来的建筑学，作为思想、意识、态度、做法……与之平行的世界，中国应当拥有何种立场，及自己的语言？

这是由来已久的焦虑乡愁。建筑学，我们如何获得中国属性？

无论这个命题有多么庞大，但它都在眼前，都在身边，都会非常的具体。它是可作为的，而且必须要做，只要它开始了。

经典的"九宫格"练习，是一个行之有效的建筑学入门途径。

然而它的局限性在于：仅限于建筑自明性的讨论，几乎不涉及建筑之外的其他事物，这无疑淡化了周遭自然，删减了生活的偶发，抽离了文艺情景……建筑几乎放弃了与其他事物建立平等互文的可能，囿于自身。

彼得·埃森曼说："在什么情况下九宫格超越纯粹几何而成为一个图解？"

这似乎在警示："九宫格"练习何时能够逃离西方建筑学的阴影，走向一个更具有抽象性，更能随物赋形的层面？由此它能被动态地赋予更多、更广的意义，而进入不同的地域与文化。

这帮助我们回到了传统中国的"九宫格"：它是对一个世界的思考。

所以，"九宫格"练习作为一个工具再次被提出时，需要在前面加上一个定语，这个定语一定要具有地域的味道，就是需要建立一个建筑与周遭事物平等对话的讨论机制，就是一个造园机制。

"造园"一词虽难以与"建筑"直接类比，但却是传统中国的"建筑观"和"设计观"的体现，"造园"仅从词面就道出了中国之于西式建筑学的重大差异。这里看不到明显的建筑概念，一个"园"字，首先说明态度与起点的不同，这是要经营一个世界，这个世界包含自然万千，建筑仅仅占了五分之一，它必须与周遭交换和对话；一个"园"字，说明了做法和语言的不同，"园"保证了永远在建筑与自然对等的结构中，按照传统中国承袭的设计意识和方法（模式）来建构；一个"园"字，也说明情境将取代空间，生活不会抽象也不可能纯粹。它是叙事的，也是叙情的。

二、课程阐述

因此，以此三个主要差异方面作为练习与研究的原则要求与主干内容，与西式建筑学进行比较性学习，那么，中国属性才可能被逐渐物化和落实下来。

（一）态度·立场

传统中国的造园，是为了建构一个多样的诗意世界，因此设计的核心和衡量是对这万千事物之间的关系（结构）的组织水平的评价。因此它对人居空间的评价并不仅限于建筑的质量，而是非常综合的。营造理想人居空间的责任是万物所共同交织承载的，建筑只是一个部分，一个元素，而且它几乎不独立完成诗意的建构，它必须与其他事物建立有效的关联之后，才获得完整的意义。

由此，建筑不再处于绝对主体的位置，设计的重点不再把建筑本体作为唯一的对象，而转向于建筑与周遭自然的关系的研究，建筑与周遭自然永远作为一对平等的关系出现，这个关系必须作为设计的起点，并控制过程，最终落实于结果。也就是说，这个关系的讨论构成设计的动力和评价标准。

（二）结构·章法

传统中国的艺术门类譬如绘画、书法、篆刻、戏曲、造园等皆蕴涵着大量的空间图示和结构模型，这些图示和模型中都包含中国所独有的设计意识和方法，是一套完整的语言体系。而这都将可能转化为建筑练习的"图解"，都能作为思考研究的"发生器"和"控制器"。借此建筑设计才能找到语言上的自觉，才能构造出支撑本土建筑的"几何"。

由此，建筑将获得传统中国的概念背景和形式支撑，将可能解决设计起点、形式来源、语言结构、评价标准等问题，摆脱舶来的概念、方法以及标准。

概念背景指"中国概念"，是关于传统中国空间思辨载体和设计意识的凝集词，是一个具有开放性、承袭性、设计概念集合及词汇表。供建筑练习的不同阶段选用。

形式支撑指"中国图解"，是传统中国空间模型的形式化载体，它将提供建筑练习过程中的形式依据和控制，建立设计的结构意识。

（三）叙事·情境

传统中国没有"空间"这个独立的概念，中国人的"空间"不是被抽象出来的纯粹物，而是永远被放在周遭关联之中。传统中国所言的"空间"是：情＋境＋遇。它是所见、所思、所闻、所感、所遇的混合，不是纯粹的视觉感知，也不能仅仅依赖几何与体量去衡量。也许可以用一个词来替代就是：情境。这个词包含了空间、时间、事件、人物、感情、氛围等。如果孤立地讨论空间，设计将会枯竭。

由此，建筑不仅是空间的问题，它至少需要综合时间和事件，只有这样它才真正涉及人的问题，他才具备活性的支持，才有弹性和生命。空间、时间、事件必须并行，它们是相佐的，可以相互构成设计的起点和结构控制。空间的叙情与叙事将保证建筑练习根植于具体的文化和人，也将考量练习者将文艺转化为空间语言的敏感性和操控能力。

三、课程作业

中國屬性

练习的起始,设置了四个基本的概念工具,这四个概念源自于传统造园,包含着传统设计意识的基本观念与方法,正是透过这些概念的框取,九宫格练习获得的一定的中国属性。

四个基本概念工具:

交·替
零·散
迷·返
变·化

对四个基本概念工具的基本运用解析:

1.交·替
"交"说明了建筑与自然的关系:交错的,胶着的,彼此更迭出现,内外难以定义。而"替"是更、次,强调了这种关系发生的频繁程度,更在总体上决定了二者相处的不分和难以界定。"交·替"是造园的基本关系,也是基本的态度。

2.零·散
"零"决定了体量,相对于整,它是局部,它更加细小,于是它具有更加灵活的形态等可以应变。"散"暗示了一种群体关系,表面是松动的,但是具有潜藏的结构。"散"使建筑个体之间保持着眼神与动作的默契,而整体却以某种方式消失于自然当中。
"零·散"决定了建筑的叙事是分权的,在经验的角度上,整体几乎不重要。

3.迷·返
"迷"是"路径分岔的花园",是有意安排的遮挡,是每一次都有几种不同的选择,是不知其大小。而"返"是"东园载酒西园醉,南陌寻花北陌归",是刻意设计的环绕,是多种可能的往复,是不知其所终。"迷·返"显示,空间的经验有赖于体验路径的委曲以及褶皱的方式,绝对的大小并不存在。

4.变·化
"变"提示建筑不仅是固定与沉重的了,也有可能是弹性与轻快的。而"化":转化。它在提示我们变的目的是什么。"变·化"使得建筑走向了机械的结构,家具的尺度等使建筑获得了面对周遭的刺激或者需求不同而具有的适应力:应时而动,应需而动,应激而动……呈现出它多样的姿态与表情。

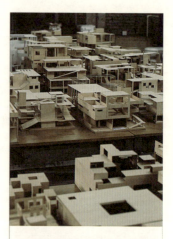

北京建筑工程学院建筑与城市规划学院

相互宅
整个设计,一直都在重复书写一个字形——互,相互的互。这既在空间形式上,也是在意义上,让我感觉到了;内与外是可以平等地、平行地来设计的。当然也有困惑;内外的严格界定几乎是难以入手的。老师说:"那就不界定"。

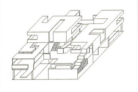

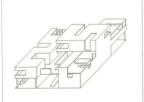

移动的密斯
想法来自对密斯建筑的分析性练习,建筑中的墙走到了环境当中去,但似乎又从环境当中走来……这些轻盈的墙,切入了建筑的内部,围出了小院,遮挡了去路,框取了美景……我想,密斯原来一定也这么想。

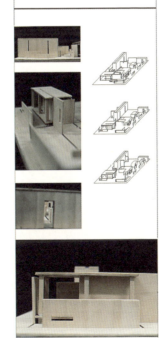

穿梭宅
大量的间隙使得有一种动作具有结构性的存在,就是——穿梭。于是,设计的重点便转而关注"之间"以及"边沿":板桥、梯步、飞廊、坡道、歪门、斜路等之间的经营引发了不同的速度感:如白驹过隙,似峰回路转,或一步三看……一个能够漫步其中的宅子。
外部的设计最终决定了建筑们的内部以及出入方式。

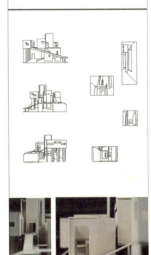

九格之山

设计者期望再现游山的抽象经验。简化之后的设计操作的对象是：一组山，一条复杂的山路。于是，遵循九宫格的图底形式，这两个对象显而易见：九格空间——山；九格的八根线条——它们被厚度化之后赋予了路径的意义，同时抠剔出了九格的"之间"。仿佛一个巨大的实体被屈曲盘桓的通路不断缠绕，反复击穿，现出了玲珑的体量。

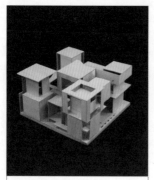

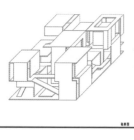

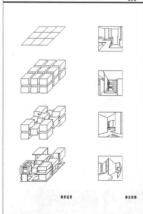

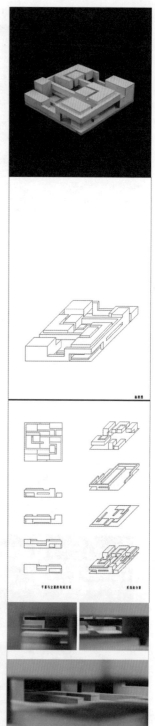

光的院子

路易斯·康说：光是属于阴影的。所以首先是设计阴影：就是设计光的筛器，还有观器。筛器是那些建筑的盒子与管子交织之间；观器是有意的驻足点，它通常在比较暗的地方，躲在阴影里面。

平展的水面是它另外一个方向来的光。

八间房

设计工作是分为两线并进的：
（1）总体的结构，它源自九宫格的形式推导。控制整体的疏松紧密，调整离散个体之间的微妙关系。
（2）8个离散的小建筑，它们是园林风雅生活的场景载体：摘星、搭角、卷展、飞架、过溪、悬臂、面池、窥远。各单体在保持了相对的独立性的同时，发生着适时的胶着与互动，最后，它们渐渐地难以被摘开，混成一气，但却不妨碍解读。

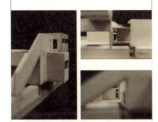

制一方印章

用建筑的语言分层地书写汉字的空间关系，这几乎就是制一方印章。这是一个作减法的过程，剔除的过程其实就是建立的过程。老师讲：黑的是字，白的也是字！传统的"计白当黑"，说的就是这对设计关系的同时性和平等性：空场是没有屋顶的房子，建筑是被遮蔽的院子，没有绝对的主和次，没有严格的内和外。

坐雨观泉

下雨的时节,建筑是否应该有别于平素?《园冶》中说:"先观有高楼檐水,可涧至墙顶作天沟,行壁山顶,留小坑,突出石口,泛漫而下,才如瀑布。不然随流散漫不成,斯谓:'坐雨观泉'之意"。建筑中有人路,也当应有水路。

水路安排在先,或高淋,或低漫,或细流,或趵突,或点滴,或散洒,或轻缓,或湍急……人路则次之,应雨水之态而作回答,或仰观,或枕水,或袭面而来,或聆听品味……

建筑被应时的雨水所击穿而激活,体现了它对周遭的透明:宽容与交换。

镶嵌房子

山水画中的建筑几乎都具有这样的特点:小,不显。它们不争、不抢,像是散落的棋子,但是其位置却是如此的绝妙和精准,如镶嵌一般。老师说:你能否像山水画那样,去镶嵌建筑?于是,九格化成的墙垣成为一个先行设计的环境——抽象的山水,有高,有低,有洞穿,有屏障……建筑被击碎,变成了一些小小的体量,把它们一个个镶嵌进去,找到各自合适的位置:贴壁、骑墙、顶角、靠边、临架、依附、穿越……

纠结的关系

曾经问老师"复杂"如何获得,得到的回答是:复杂是对规则的设计和控制,复杂并不复杂。于是,自我设定了一个规则:由两个简单去生成一个复杂。两个由九格衍生而来的不同空间系统以一定的错位关系重叠起来。于是,对话就产生了,工作的重点变成了处理各种交接和矛盾:柱与板,面与体,垂直与水平,遮与露,明与暗⋯⋯极度复杂却不繁琐,因为对话使得空间元素之间变得敏感了,活性显现。我渐渐理解了老师所强调的一个词:关系!

空间迷藏

设计并不以"建筑"作为目的,而更加类似于传统造园的掇山,所以如《园冶》中所表:"鳞堪窥管中之豹,路类张孩戏之猫",中性地去理解:视线错综,路径交迭,迷返不堪。这里有意地设置了一对空间关系,顽童与成人,尺度不同,相互纠缠,可常常交遇,而难以相通,二人之间,时隐时现,若即若离,仿佛能听到追逐捉藏的笑声。
有时候需要暂时忘掉建筑这个直接的目的。

褶皱的穷极

设计起始于对片面褶皱的纯粹的形式游戏,老师说:"你是否能让这种熟练的操作变得更有意义:譬如让这种形式尝试使水平拆分和垂直分割获得统一和连续;譬如让这种形式尝试联系二维和三维,表面与空间;譬如让这种形式尝试消解尺度的差异?"
尝试的过程是复杂的,然而一种语言方式的穷极探索,使得设计的基本问题被实实在在地摆了出来,清晰可见。然而更为重要的是,这种褶皱的练习几乎颠覆了我对空间度量的经典定义。

课程名称：**建筑设计初步**

主讲教师：**梁雯**

1991~1995年就读于清华大学美术学院。1995~1997年任职于中央电视台。1998~2000年就读于马塞诸萨州州立大学（UMASS, AMHERST），获硕士学位。2000~2002年任职于波士顿MPA建筑事务所。2002~2005年就读于哈佛大学建筑研究生院，获硕士学位。2002年至今，执教于清华大学美术学院环境艺术设计系。

一、课程大纲

　　课程所要强调的是设计过程的建立，而不是简单的寻求设计成果，因此课题的完成是建立在一系列、有步骤的小练习的基础之上。学生通过逐步完成每一个练习，将学习如何建立设计步骤，并且最终完成设计任务。系列练习分为5个步骤：

1. 任务条件和设计意图（体验和分析）
Program and Design Notion (Everyday Experience and Analysis);
2. 理想空间（设计概念和任务条件）
Ideal Space (Concept and Program Notation);
3. 分类和层级（功能区域组织）
Classification and Hierarchies;
4. 运动和流线（交通系统）
Motion and Flowing (Circulation System);
5. 完善设计（平面和剖面的确定）
Relationship between Plan and Section.

　　在本次课程中，不鼓励学生使用任何计算机表现方式，这个课程是为学生提供学习如何依据、使用视觉的和物质的条件，寻找设计方法的机会。建筑设计初步课程的重点是建立和发展个人的设计方法。课程的评价将基于：设计是一个过程，而不简单地是针对一个产品，不断地评价，并且要不断地评价设计的过程，以上因素在此次课程中是十分重要的。

　　整个课程对学生的评价标准将基于以下考虑：
1. 设计概念的清晰和丰富程度；
2. 学生自身对于概念评价和发展的能力；
3. 在设计过程中，学生不断反复地推敲，及清晰评价的能力；
4. 每一个阶段的作业完成度、清晰度和绘图制作能力。

二、课程阐述

　　本课程是二年级秋季学期设计课程（Studio）的第二个阶段。之前阶段课题训练的重点是建筑空间，而本阶段我们将涉及建筑设计中另一个重要的题目——任务条件（Programming）。课程的主要目的是帮助学生了解和理解建筑设计中形态（Form）和内容（Content）之间的复杂关系和两者之间相互作用，并且讨论那些在设计工作中不得不面对的苛刻的任务条件。在本阶段的课程中，任务条件既是作为设计项目支撑的概念，同时也包括更为具体的功能需求。

　　本次课程的设计课题是为在学校进行交流的访问学者、艺术家设计一个居住、工作的小型"宿舍"。训练的重点除了让学生了解复杂的任务条件之外，对与这些条件相关的设计问题，诸如空间的公共性、私密性、空间的标准化等文化、社会问题的思考也是本次课程的训练内容。通过研究和讨论，"居住"和"工作"这两个基本的词汇将被学生重新定义，建筑语言也会随之建立起来，从而鼓励学生发展对自身于空间、环境（物理的和文化的）、结构和现象的看法和态度。学生将面对十分严格的指导，用以批评和评价那些最初的看法，从而反复地定义和梳理这些看法和设计意图。

三、课程作业
任务条件和设计意图（体验和分析）Program and Design Notion

接下来的一系列练习是有关于设计任务条件（Programming），需要强调的是本次课程所提到的任务条件包含设计项目的概念框架和功能需求两方面的内容。通过下面的一系列练习，学生将学习如何一步一步地建立任务条件和空间之间的关系。作为设计工作的基础，在第一个练习中学生被要求体验、研究、分析日常生活中他们所接触的行为、物品、气氛和场所，并且用文字、图表等手段记录他们的研究。

作业内容：选择一个地方，不是你所居住的宿舍（或是其他人的），而是一个公共场所，但不是一个商业场所（例如星巴克咖啡），这个场所应该是一个你感觉可以舒适地停留1~2个小时的地方。这个场所给你提供了一定程度的私密性，可以让你阅读和写作，例如图书馆、自习室等。尝试评价你所处的场所。请写出你对这个场所正面的评价和负面的评价。

重点要求和提示：是什么原因促使你选择了这个场所？这个场所的光线、空间、房间、私密性如何？周围都是些什么样的材料？你感到舒适吗？这是一个室外空间、露天空间还是封闭空间？周围的景色如何？你能够看到什么？你能听到什么？以上的一切，都有哪些因素有助于你正在进行的工作？

提交成果：请用建筑/空间性的语言来回答以上问题，请注意描述清楚这个场所让你选择在此阅读/写作的具体的影响，注意讨论尺寸、尺度、空间、材料、光、区域等问题。尝试使用图表、图片等图像表达你要传达的信息。

作业1　不利因素：此空间并非在所有的时间都有私密性。坐在靠近灯箱的一面相对有私密性，而面对走廊坐的时候会出现被个别人通过时的干扰情况。利用率不高。除了考试周等时间一般人不来这里学习。

作业2　不利因素：由于是个封闭空间，空间尺度相对狭小，所以视野不开阔，时不时可以听到有人从橱窗后经过，但他们不出现在我的视野里，对我的阅读没有影响。

作业3　有利因素：因为空间较小，很少有陌生人进入此空间，因此对人的感觉来说还是比较封闭的。安静和舒适的环境，且有绿色植物，对人学习、独处时的心情有好处。

评语：
在第一个训练题中，明显地看出刚进入专业课的学生对于专业语言和分析上的不足。大部分学生都存在如何建立感受与空间关系的问题。学生还不适应利用直接的感官感受作为认识空间的条件进行研究归纳，也就是建立体验与分析的直接联系这种训练。但是，可喜的是学生在面对训练时的敏感度，大部分学生都能够从自身的体验出发寻找出所体验空间的问题，这是一个很好的开始。

理想空间（设计概念和任务条件）Ideal Space (Concept and Program Notation)

　　这个练习是学生提出一个理想的第三空间的机会。这个练习不是仅仅要求学生将观察结果简单地发展和总结出来，而是要求他们发挥和应用他们在体验中得到正面体验（如果存在），并且摒弃那些负面体验。作为一个设计者和使用者（阅读、学习、写作），学生被要求提出一个理想的场所应该是什么样的想法。

　　作业内容和条件：空间尺寸不得大于2米×3米×2.5米（宽×长×高）这是一个理想状态的学习空间，需要面对在作业2中所提出的、所体验空间中的正面因素和负面因素。将设计假设为一个自立的（不需要任何支撑物的）构筑物，任何对于光、声音、景色、私密性的控制都来自于对于这个构筑物安排的地点。仔细考虑如何在"理想空间"中建立建筑和家具的桥梁。

　　作业步骤：根据上一个作业的成果（数据、信息等）提出设计意图，建立意图和空间的概念，绘制草图，将草图转化为尺规图纸和模型，在制图和制作模型的同时考虑使用者在"图纸"中是如何活动的。

　　作业提交：清晰地表达你的设计意图。手绘草图不少于3张。注意作为图纸补充的纹理、材料、色彩、拼贴等。做一个1∶10的模型及一个1∶10的平面和一个长向剖面，将平面和剖面画在同一张图纸中，并显示所有的辅助线。

　　重点：空间和概念之间的关系，空间与人的活动的关系，完成度、清晰度和绘图制作能力。

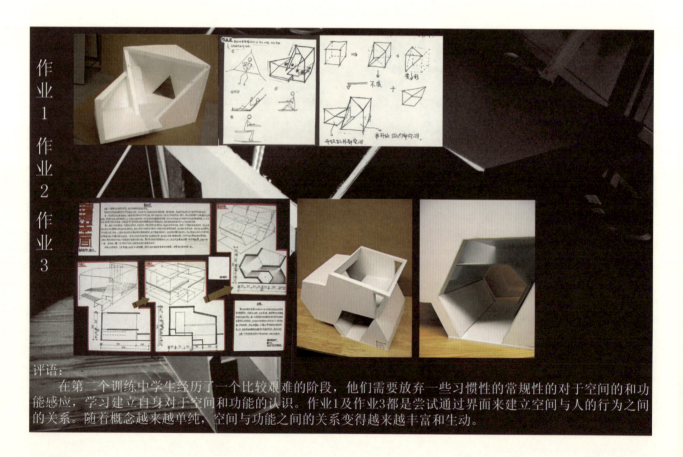

评语：
　　在第二个训练中学生经历了一个比较艰难的阶段，他们需要放弃一些习惯性的常规性的对于空间的和功能感应，学习建立自身对于空间和功能的认识。作业1及作业3都是尝试通过界面来建立空间与人的行为之间的关系。随着概念越来越单纯，空间与功能之间的关系变得越来越丰富和生动。

分类和层级（功能区域组织）Classification and Hierarchies

你已经建造了你的第三空间。你将如何去告诉其他的人，你的空间可以被用在更大的环境中？你将如何给其他人展示这些空间是如何组织的？用什么样的方法你能够最好和最清晰地解释这些空间的意图和使用？

作业条件：空间设计意图：前一个作业"理想空间"。

作业步骤：将你的"理想空间"想象成一个在更大结构中的一个"细胞"单元。考虑这些单元需要交通联系，相互之间的及与外部的联系、与内部的联系。这些单元需要怎样的光线、通道？组织它们的结构支撑的可能性如何？它们是线性的、水平的还是垂直的？如果是交错排列，是否会有更好的光线？一个空间是否漂浮在另一个空间之上？一个空间是否在一个空间之外？使用草图模型，说明连接和组织这些单元的各种可能。在工作中，使用小比例的体块模型，表现至少3种的可能。每一个模型中至少包括4个"第三空间"；1个较大的公共空间；对于建筑外围的抽象说明。

作业提交：不少于3个草图模型（1∶50或1∶100），这些模型需要清晰地被读懂。每一个模型需要1张说明性手绘草图，说明模型的基本状态。不需要平面、剖面、或是立面图，而需要说明性的意图说明图。

重点：空间之间的关系，系统的复杂性，设计意图的连续性。

每一个模型的组织方式必须是不同的，并且所有的模型都应该是对在前面作业中的你所提出的设计意图的可能性发展。

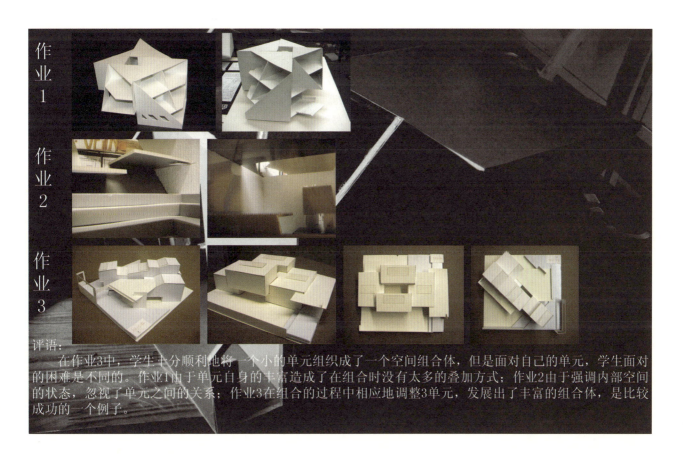

评语：
在作业3中，学生十分顺利地将一个小的单元组织成了一个空间组合体，但是面对自己的单元，学生面对的困难是不同的。作业1由于单元自身的丰富造成了在组合时没有太多的叠加方式；作业2由于强调内部空间的状态，忽视了单元之间的关系；作业3在组合的过程中相应地调整3单元，发展出了丰富的组合体，是比较成功的一个例子。

运动和流线（交通系统）Motion and Flowing (Circulation System)

　　这个小练习的主要目的是帮助学生理解和掌握建筑中的"运动"。运动无论是在物理上还是在概念上，都会对空间产生影响。尽管建筑在通常意义上被看成是静止的，但是却包括了由于不同流线组织而带来的各种内容和变化，在运动的同时，空间也被组织在一起。因此，运动在本次的设计项目中是一个任务条件需求。任务条件和交通是紧密联系在一起的，运动的序列，以及这些运动的联系是建立建筑设计的主要因素，在这个练习中，通过建立完善的运动序列，将上一个练习得到的建筑组合，被要求更为精确地组织在一起，从而使功能和交通相互支持。学生可以了解到空间中的元素可以决定运动，反之亦然。

　　作业条件：上一个作业的模型；需要满足以下功能需求——需要有满足4名来访艺术家和学者的房间，满足各种艺术家工作需要的工作空间，展览的功能，公共厨房和餐厅，其他辅助空间也是必须考虑的。

　　本次设计的占地面积不得大于250平方米。

　　作业步骤：本次训练的内容包括两个轨迹。①任务条件的考虑。在设计的过程中，首先要考虑功能和一些常规性知识的限制；交通系统的可识别性，尝试建立线性的建筑、空间的序列；考虑层级和非层级的组织方式。②建筑概念的考虑。概念将影响运动的可能性，应思考如何通过组织交通完成课题的设计概念。以上两个轨迹相互影响、相互支持。此外，另一个重要因素是空间的使用者在空间中的运动，在设计过程中，避免将自己视为传统意义上的旁观者。

　　作业提交：使用体形模型和说明图，对建筑功能布局进行分析和研究。提交的体形模型需要包括以下设计内容——建筑的体量，功能的组织，主要交通系统。

　　重点：空间的序列，与之前组织模型的关系，交通系统的一致性和可识别性，图纸、模型的品质。

评语：
作业1使用的是一系列空间内部的照片表现人在空间内运动时的体验。
作业2尝试以建筑体型的动感来帮助完成运动状态。
作业3将功能和运动方式很好地穿插在一起，主要流线和各功能区域的关系十分清晰。
在这3个作业中，学生使用了不同的手段和手法来构筑交通是十分有意义的尝试。

清华大学美术学院环境艺术设计系

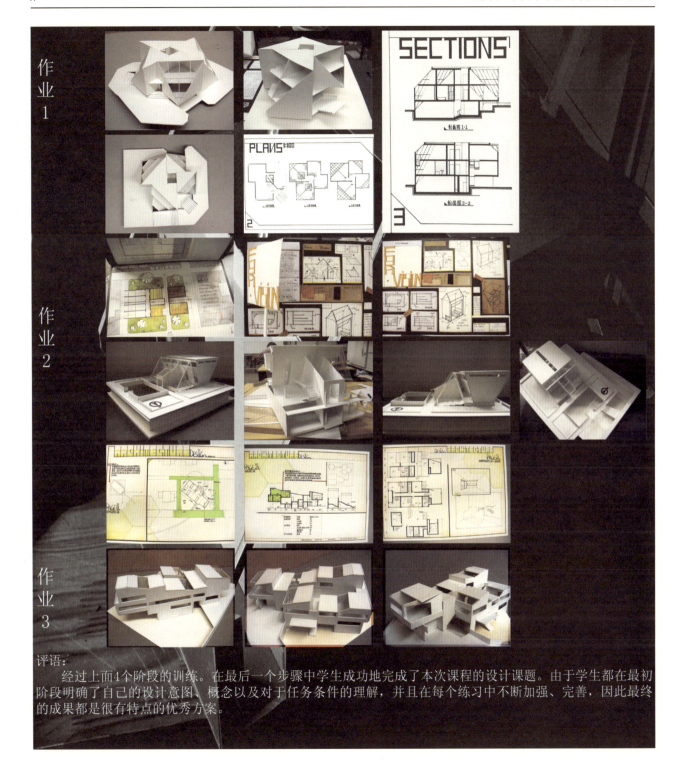

作业1

作业2

作业3

评语：
　　经过上面4个阶段的训练。在最后一个步骤中学生成功地完成了本次课程的设计课题。由于学生都在最初阶段明确了自己的设计意图、概念以及对于任务条件的理解，并且在每个练习中不断加强、完善，因此最终的成果都是很有特点的优秀方案。

建筑初步1——空间训练基础

主讲教师： 崔鹏飞
1995年毕业于天津大学建筑学系，1995年任教和深造于中央美术学院设计学院和建筑学院，现博士研究生在读。

教师团队： 吴若虎、钟予、陈卓、韩文强

一、课程大纲

（一）课程教学目的

整体课程的教学目的为空间的理解和认知基础。

课题中通过对积木盒子（空间）的制作，并于容纳于盒子之中的元素体——积木群的创制、操作与研习，初步体会空间的基本定义。研究与体会空间变化的诸多种可能性，初步建立空间的抽象概念。通过"积木"块在盒子中的摆放与推敲，感受建筑的"虚、实"语言，并理解空间对于实体的意义。此外，对该群体空间语言的处理，也是学习与锻炼如何恰当地在一个被自己确定的整体空间秩序中，尝试进行有效地把握整体与细部语言的协调。

（二）课程计划安排

课程为阶段性递进的课程节奏，一般以单周或双周作为一个递进单元，完成阶段性的课题作业。

分课题基本序列为：减法形成空间（2周）。积木盒子与空间形态的讨论（4周）。其后第次。

（三）课程作业内容

1. 减法形成空间。制作边长为8厘米的白色正方体，用3个方体依次切削这个正方体，将余留的空间制作出来。第二阶段减法拆离空间的内容为将规定的立方体拆离为两个部分，然后用它们进行空间组合尝试。

2. 形态与空间界定。在一个确定的盒子空间内逐步放入若干"积木"体块，并通过在该空间中对这些体块的摆放，使这个盒子获得一个明确的内部空间形态。在其后的阶段中，将一种空间形态确定，然后将整体的盒子空间进行处理，从而获得一个新的空间组合形态。

（四）课程教学重点

模型盒子与积木等元素制作的精确性；积木体量的肯定性；独立作品的完整性。

关键环节：严谨性在整个课程作品中的比重。

难点环节：不可得的明确标准，可明确的自我和谐。

（五）课程作业要求

1. 模型制作为统一白色卡纸。
2. 照片6组空间不同的观察角度，不少于20张。

（六）作业考核标准

1. 独立作品的完整性与制作的精确性要求作为客观的主要考核标准。
2. 空间表达的明确意愿与作品创意的新颖特色作为主观的判断标准。

二、课程阐述

　　本系列课程内容没有千篇一律教条性的语言和方式，没有去照搬和引用国内外教材的内容与资料素材，具有新颖鲜活的教学实践特色，始终强调直接发生的感性直觉启发。教师在教学中致力于策划设计一套相对逻辑完整而新颖的空间研习系列课题，并紧密结合学生作业的实例，从实践教学的角度尽量以平实轻松的方式与学生进行空间感知的基本交流。

　　空间的生成有两种方式：加法和减法。减法形成空间是一个由实到虚的过程，通过对实体的减切和挖除，造成了空间。这是人类历史上自身创造空间的最原始方法，人类生存庇护场所的产生，在远古时期，更多来自于山洞与窑洞空间的开凿和修整。加法形成空间由虚到实。空间的本身已经存在，只是由实体的介入而将其明确，运用的手段如围合、封护等，从而形成了使用的空间。减法形成空间更倾向于感性和直觉，是意识与感知；加法创造空间的过程及它的递进性，对于我们如何理解建筑的形成、空间的生成，会有很大的帮助。

　　空间的课题博大而庞杂，我们无法用一个简单的形式对其作出完整的描述，抛开空间丰富与深刻的涵义，我们所能完成的首要任务，是对它存在的主动的感知。同时为了化解"空间"这个复杂概念的难题，也为了让这个"感知"更为易懂、简单、明确，我们有意地将实体的感知作为了空间感知的前导，在心理的层面利用了虚实的反差来获得对虚"空间"的简洁辨认；同时在基本概念上，有可能对容器和可容纳的空间有一个深入浅出的辩证理解。虚实的含义非常丰富。从其本质的意义上去理解，"虚实"具有一种动态的，并不断变化着的内涵，它更多地体现出一种清晰与模糊的静默变化，一种动静之间的渗透转换，转换既是现实的客观，也可以是欲望和意念，渗透、变化与转换是虚实的存在写照，虚实是交融的一体。从空间形式的角度来讨论，虚实会由于光影关系和明暗的介入，呈现出一种静态的美感。它是一种立体感，形式感和空间感。

　　"积木盒子"的空间课程，其练习的主要本质在乎一个动态的过程，在摆放积木体块的变化中体会空间的虚实美感，不断地变化与形成是课程的主要形式线索。积木盒子的空间纪录，给予我们确定的形态。为了更好地实现同学们对空间认识的概念转换，我们在课程中会根据具体情况加入正负空间的附加内容。这是为了让同学们从可能存在的雕塑实体和简单形态构成的意识中早一点脱离出来，并明确空间中虚实结合同时存在的感知本能。课题的整体设计过程依然是一个由简单逐渐向相对复杂的空间形式推进的训练方式；在这个课题中，学生们首先接触到的不是复杂而艰深的理论和令人畏惧的形式美学讨论，而是最为简单和基础的形式讨论，它的判断完全来自于学生独立的自我审美意识，这是一个不经意间发掘同学自主审美判断的过程的第一步。从学生的作品上来看，同学们已经初步掌握了对空间进行界定与围合的方法，并同时注意了形式美的把握，能够从空间的角度来对美感进行讨论，对空间语汇确实有一个初步的认识。而模型照片的拍摄与整理，再一次锻炼了同学们从更多的角度去感受空间存在的能力，同时也对自己的作品有了另外角度的不同理解。

三、课程作业

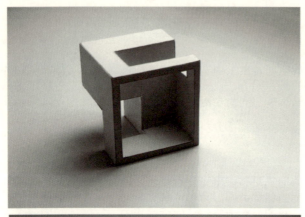
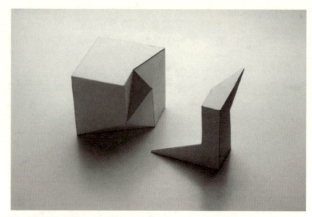
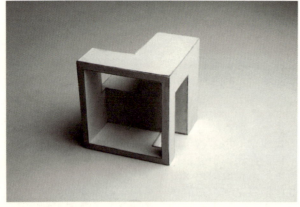

唐慧萍　　　　　　　　　　　　　　　　　　　　　　　　董一璞

评语：
第一阶段

唐慧萍：这是一个简炼而优秀的空间作品。唐慧萍同学的第次减法空间作业将实体空间巧妙地切割成为具有良好虚实关系的空间形态，并具有错落有致的丰富层次。从每一个角度观察都具有耐人寻味的空间效果。

董一璞：董一璞同学的空间作品非常醒目。她将基础的立方体切割成为大小、形式、体量均成为对比状态的两个部分，体量质感强烈。倾斜面与正交面的转折很好地塑造了实体的形态。另一体块具有雕塑的美感，空间的界定感略显模糊。

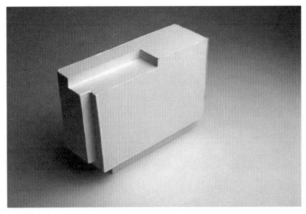

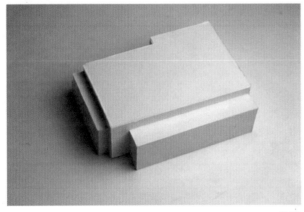
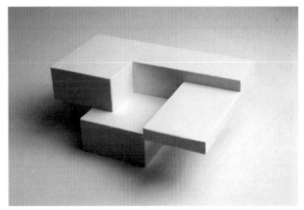

廖橙　　　　　　　　　　　　　　　　　　　　　　　李靖

评语：
第二阶段

　　廖橙：该空间作品敏锐地关注到实体围合与剥离的空间相互关系，根据这一明确的关系所作出空间拆离作品特点鲜明。整体把握大方，节奏清晰分明又不失细腻，具有一定的艺术美感。

　　李靖：该空间拆离作品简洁大方而率性。在作品拆离组合的过程中表现出强烈的虚实层析效果。具有很强的表现力，是形态和空间关系理解尝试的良好诠释。

崔晓萌　　　　　　　　　　　　　　　　　　　　李青

评语：
第三阶段

　　崔晓萌：崔晓萌同学的作品形态丰富，整体效果含蓄优雅。她的盒子空间成为积木体块错落摆放形成空间的充分表演场所。其每一个积木单元均为简单的形式，但由于巧妙的组合而形成富有感情的空间场景。

　　李青：李青同学积木盒子的空间形态组合作品明快、硬朗。她运用较为大块的积木体量塑造了对比强烈的空间形态效果，而大胆的斜面处理则更加强了空间性格的整体特征。

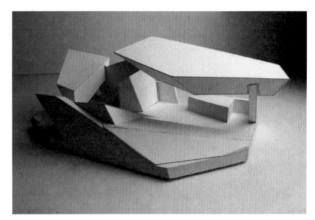

宋国超　　　　　　　　　　　　　　　　　　　　　　　　　　　　　　　　　　赵洋

评语：
第四阶段

　　宋国超：宋国超同学在第四阶段的作业中大胆地突破了块体形态的实体性束缚，将空间的围合与错落良好地结合在一起，从而形成了非常迷人的空间虚实关系和丰富层次。因而对于他自身而言，是对空间理解的一个大步幅的跨进。

　　赵洋：赵洋同学的空间作品洒脱率性，具有强烈的雕塑感和动态气势。在作品中他果断而大胆地运用了不规则形体的穿插组合，同时注意到了空间的界定关系，并没有孤立地处理实体的部分而忽视虚实关系，从而弱化了作品的空间感。

课程名称： **建造基础2——结构造型z**

主讲教师： **吕品晶**
建筑学院院长、教授。1966年生于北京。1983～1987年就读于上海同济大学建筑系，获学士学位。1987～1990年就读于上海同济大学建筑城规学院，获硕士学位。1990～1998年任职于北京建筑设计研究院、建设部建筑设计院、中外建筑工程设计与顾问公司。1994年至今任教于中央美术学院。2003年至今担任中央美术学院建筑学院院长。

王环宇
建筑技术教研室主任、讲师。1971年生于北京。1990～1995年就读于清华大学建筑学院，获建筑学学士学位。1994～1996年就读于北京电影学院录音系，获第二学士学位。1995～1997年任教于中央美术学院。1997～2000年就读于北京清华大学，获建筑学硕士学位。2000年至今任教于中央美术学院。2005年至今担任中央美术学院建筑学院建筑技术教研室主任、信息中心主任。

黄源
建筑学院实验中心主任、讲师。1977年生于广西。1995～2000年就读于清华大学建筑学院，获建筑学学士学位。2000～2003年就读于北京大学，获硕士学位。2003年至今任教于中央美术学院。2008年至今担任中央美术学院建筑学院实验中心主任。

一、课程大纲

建筑是一个有生命的肌体，结构是支撑这个肌体的骨骼。就如同各种各样的骨骼造就了万千生灵的千姿百态，丰富多彩的结构类型构成了大千世界各种奇妙的建筑形式。建筑师的主要工作就是把抽象的结构概念转化成具象的建筑造型，展现建筑中力与美的统一。但是，很多建筑学学生畏惧结构，因而一定程度地限制了想像力和自信心。本课程的教学就是希望从造型角度认识结构，让学生喜爱结构，理解结构，懂得表现结构。

（一）教学对象
本科二年级建筑与环境艺术全体学生。

（二）教学目的
建筑的根本在于建造，在于建筑师应用材料并将之构筑成整体的创作过程和方法。应该对建筑的结构和构造进行表现，甚至是最直接的表现，这才是符合建筑文化的。所以，熟练掌握和运用建造技术是建筑师必需的专业基础。建造基础课的目的是帮助学生从建造的角度去认识建筑、理解建筑、设计建筑。建造基础2旨在使学生在感性基础之上，更全面、更系统、更理性地了解建筑结构与构造方面的知识，并且具有一定的应用能力，建立一种把技术手段与造型表现相结合的建筑设计思维方法。

（三）教学内容与进程
建造技术主要包括结构和构造两大方面内容。
结构是建筑的骨架，对建筑形象有着内在的影响。课程应注重培养学生对建筑结构的力学合理性的理解，并且要拓展学生运用结构原理，创造建筑艺术造型的表现力。应较全面地了解包括框架、桁架、拱、悬索、网架等类型，和钢、混凝土、木、砌体等结构材料的应用原理和可能表现形式。
构造则关系到建筑的表皮形态，决定着建筑的外在视觉效果。应较全面地了解外墙、屋面、楼地面、楼梯等构造原理，和不同材料的技术性能与视觉表现力，以及细部设计对于建筑的使用和形式的影响。强调构造、材料和细部因素在建筑中的合理设计，既要提供有效的技术解决，又要考虑富于趣味的视觉表达。

根据课程的重点，可选用功能相对简单，且具有较强造型表现潜力的建筑设计课题，突出建筑的使用、空间、造型、结构和细部构造一体化的设计思路。

课程可分成两阶段：结构造型设计阶段和细部构造设计阶段。使学生体验有条理的工作流程，并把握不同阶段的工作重点。

评判标准：
功能空间组织合理，造型富于表现力，结构具有合理性，构造与细部设计精致，模型制作认真，图纸表达正确。

教学参考书：
力与美的建构——结构造型. 王环宇. 北京：中国建筑工业出版社，2005.
建筑设计初步与教学实例. 黄源. 北京：中国建筑工业出版社，2006.

二、课程阐述

课程特色：

1. 实用而且适用的技术教学原则。根据建筑环艺实践工作所需的技术内容合理配置教学要点，并兼顾美术院校学生的知识背景，扬长避短。

2. 技术与艺术的结合。突出美术学院的特点，注重技术可行下的造型表现，强调形式感，提倡个性化表达。突破以往教学意识，把设计与技术统一起来，形成不间断的、互相渗透的设计观念。

3. 技术意识和技术创新意识的培养。不仅灌输知识，更注重应用能力的提高，并注意培养技术发展、技术创新的思想意识。

对于结构这个概念，建筑师侧重造型的设计，结构工程师则侧重工程的计算。这就好像是艺术家和医生都要学习一定的解剖学，但根本目的是不一样的。艺术家的目的是通过学习骨骼结构更好地了解人体，为艺术创作打下基础；医生则是为了以后研究病理而学习。由于目的的不同，二者学习的深度和侧重点会有很大差别。

培养建筑师的结构素养，应该侧重一个核心、两个方面，即：以直觉感受为核心，从不同结构类型的造型表现力和不同材料的结构特点两方面组织教学。在造型设计领域，"感觉"比理性的认识更为重要。因此，在给予学生一定的结构知识之后，一定要注意培养造型的"结构感"。

建造基础课程不同于国内教学中的建造类技术课程，如结构估算和结构选型。本课程更针对于实际工作需要，而不是为了让数学水平有限的建筑系学生能听懂，就对结构、材料或构造专业的课程进行机械地简化教学。相反，本课程认为建筑师需要理解的技术观念并不同于工程师的认识，建筑师可以用自己的方法更好地把握技术原则，并进行建筑创作。

建造基础课程强调技术与艺术的结合和互动，而不是做完造型设计再进行结构设计或者构造设计，后者无法从设计的开始就抓住建筑造型需要被建造这一根本要求。本课程的教学更为符合建筑设计的规律，因为在建筑设计中，造型与结构等技术处理一定是同时产生的。如果二者关系脱节，势必使得技术迁就形式而不符合科学原则，或者形式受制于技术而使得形态不能达到美观。本课题与国外一些院校的教学理念是相同的，教学方法和课题设计都借鉴了国外著名院校（英国格拉斯哥美术学院、荷兰代尔夫特大学）的先进经验。依托中央美术学院在国际的知名度，本课程在对外教学交流中，也受到国外院校的一致赞许，并受邀参加互访活动。

三、课程作业

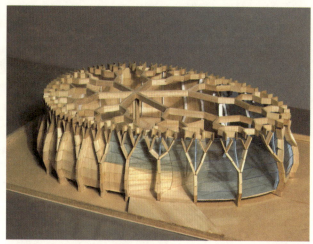

评语：

某公园内举办博览会，需修建一些临时建筑，以满足展示、观景、休息、售卖等功能要求。要求建筑必须有屋顶，可以挡雨，但不必一定有围墙。建筑用地红线是15米×15米，屋盖下建筑面积不得小于100平方米。室内净空大于3米，建筑限高为12米。要求造型新颖，结构形式合理，便于快速建造。短课题时间为两周一个周期，共进行三个周期。设计三个方案，分别用到：①直线形的结构类型；②曲线形的结构类型；③空间形态的结构类型。

评语：

水上的小美术馆，是在北京某公园内修建的一座临时性小型美术馆，作为新锐艺术家的展示空间。建筑选址设定在公园内一处30米长、20米宽的矩形水池范围内，建筑物任何部分的竖直投影均不得超出水池的边缘。总建筑面积为200～300平方米，屋盖下建筑面积也不得小于200平方米。要求建筑必须有屋顶，可以挡雨；并需有完整的围护墙体，但不必考虑冬季保温。建筑内部必须分隔成一大一小两个空间，其面积比例约为2:1，大空间为展示空间，小空间为入口和休憩空间，不必设厕所。室内层高大于4米，建筑限高为12米。从自然出发，从空间出发，从结构出发进行设计。以自然界的有机形态为蓝本，提倡空间—造型—结构—细部的一体化设计。

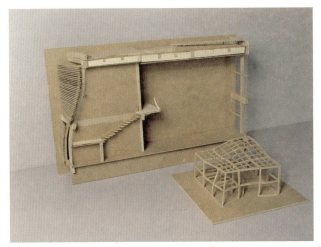
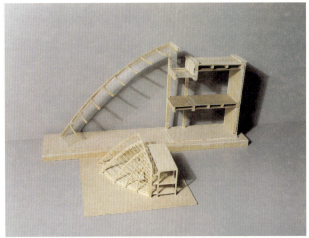
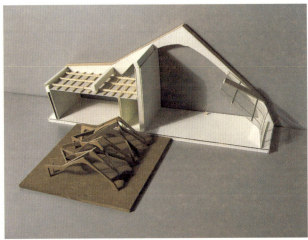
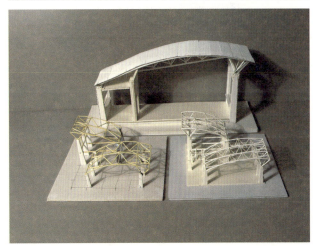

评语：

售楼处设计，总建筑面积为400平方米，建筑红线内地块形状为20米×20米的正方形，占地率需在75%以上；限高2层或主要屋面12米。售楼处功能包括：展示区、休息区、办公室若干及厕所。课题以小型建筑为载体，简化了建筑设计中的其他因素的影响，突出其中结构造型的因素。课程评价的标准既包括造型的美观独特，也包括其可行性和合理性。课题结合了具体的使用功能，使得学生能够更好地理解使用、空间、结构、造型之间的关联。课程分为两个阶段，前一阶段为初步设计阶段，主要解决功能、空间与结构形式的大关系的问题；后一阶段为深入设计阶段，主要解决外观表现、细部与构造设计的问题。学生在两个环节都需完成模型和图纸。第二个环节要求完成大比尺（1：20）的剖面模型和具有相当深度的节点设计图。

课程名称： 空间形态基础

主讲教师： 沈慷

硕士研究生导师。1990年毕业于重庆建筑工程学院城市规划专业。1993年于该校获建筑学硕士学位。主要的研究方向包括空间的形态研究，以及在日常、细微的层面策略性地介入当代城市与建筑的批判性实践。

吴锦江

1997年华南理工大学建筑学专业毕业，于广东省建筑设计研究院从事建筑设计实践。2004年于广州美术学院获得景观设计专业硕士学位。毕业后任教于广州美术学院设计学院建筑与环境艺术设计系，担任"形态与空间"、"设计初步与建筑图学"等课程的教学工作。

许牧川

2003年毕业于英国伦敦大学学院巴特雷特学校，建筑历史与理论硕士，研究方向为伦敦希尔顿酒店——公共空间与私密空间的转换。2004年毕业于英国建筑协会学校，建筑设计硕士，研究方向为自然生成技术与设计。毕业后任教于广州美术学院设计学院建筑与环境艺术设计系，担任"形态与空间"等课程的教学工作。

一、课程大纲

（一）课程目的与要求

课程通过基于几何抽象的空间形态的动手制作和观察训练，培养学生对空间形态的基本认识与敏感，体会和理解以简单的构成元素、简明的空间围合手段即可完成形式造型的多样性与丰富性，尝试处理空间造型的个性与功能之间的关系，认识人的行为是如何受空间个性的影响去使用空间、感受空间，以及根据人的行为调整空间的关系，初步了解和把握空间作为造型语言的运用及其表现力。

（二）课程计划安排

周	日期	上课形式	内容	作业提交	备注	作业布置	作业内容	作业要求		
								形式	数量（每组）	备注
第一周	周一	集体授课	空间形态基础设计原理；课程安排及作业要求；基地条件及往届作业示范			作业A	10+20：10片墙+20杆件/10体积+20片墙/10体积+20杆件；**模型要素**：体积3m×3m×3m/片墙3m×3m/杆件3m；**底板**：18m×27m，按1:100比例绘制于A3纸上，合共54格	模型	3个	比例1:100
								素描	6张A3	低点透视；4透视/模型；2透视（从外往内看）+2透视（内部空间）；每2透视组织于1张A3纸内；排版并附分析说明，计6张A3
								记录照片	3张A3	鸟瞰角度；分别从4个不同的角度，拍摄模型照片（4张/模型）；该4张照片模型组织于1张A3纸上；排版并附分析说明，作3个模型的拍照与分析，计3张A3
	周二	作业指导	指导老师挑选一个方案进行讲评	提交作业A（方案稿）	仅提交3个模型方案					
	周四	作业指导	指导老师挑选一个方案进行讲评，并确认其中一个方案继续深化		按作业要求完成	作业B	**环境关系**：观察、平衡、协调模型与环境的关系	模型	3种摆放方式	每组自己制作基地模型1:100
								平面分析图	3张A3	A3纸；1张/摆放方式；比例1:200；分析地形关系、流线、视线、轴线；可增加透视草图辅助分析；排版并附分析说明
								记录照片	3张A3	鸟瞰角度，4张/模型，每4张照片模型组织于1张A3纸，排版并附分析说明

周	日期	上课形式	内容	作业提交	备注	作业布置	作业内容	作业要求			
								形式	数量（每组）	备注	
第二周	周一	作业指导	指导老师挑选一个方案进行讲评，并确认其中一个方案进行继续深化	提交作业B	按作业要求完成	作业C	水平要素的添加：屋顶和地面的空间限定；20片3m×3m水平要素作为屋顶；四角需有支撑，跨度不大于3个单位	模型	3个	比例1：100	
								素描	6张A3	低点透视；4透视/模型；1透视（从外往内看）+2透视（从内往外看）+1透视（内部空间）；每2透视组织于1张A3纸内；排版并附分析说明	
								记录照片	3张A3	鸟瞰角度；4张/模型；每4张照片模型组织于1张A3纸；排版并附分析说明	
	周二	作业指导	指导老师挑选其中一个方案进行讲评	提交作业C(方案稿)	仅提交3个模型方案						
	周四	作业指导		提交作业C	按作业要求完成	作业D	功能设定：将特定功能安排入既定模型；模型可根据功能需求作局部调整。 材料研究：根据空间及功能需求以3种不同的材料（透明、半透明、不透明）建构模型	平面图	2张A3	比例1：100；需表示环境	
								空间分析图	2张A3	彩色；比例1：100；需与平面图相对应	
								模型	1个	比例1：100；需对应其中一个平面方案	
第三周	周一	作业指导	指导老师挑选一个方案进行讲评，并确认其中一个方案继续深化	提交作业D	按作业要求完成						
	周二	集体授课	案例分析方法			案例分析作业		详见课堂布置			
	周四	作业指导	指导老师评讲作业	提交作业D(终稿)	平面及空间分析图各只需1张；其余同作业要求	作业E	综合作业：全面反映功能、材料、环境关系，并表现形式、准确绘图，第一阶段重点（下周一作业）完成立面、剖面的绘制	模型	1个	比例1：100；为最终模型，需比例准确、反映环境、材料肯定	
				提交案例分析作业	按作业要求完成			记录照片	4张A3	鸟瞰角度，低点角度及局部角度（含内部空间）；16张/模型；每4张照片模型组织于1张A3纸；排版并附分析说明	
								A3图	若干	总平面（屋顶平面）1：200；平面图（需表示环境）1：100；4个方向的立面图1：50；2个剖面图1：50；A3大小彩色透视图3个（1个室外+2个室内）	
第四周	周一	作业指导	主要讲评立面方案及剖面图	提交作业E(方案稿)	平立剖面方案图，需按比例要求						
	周四	作业指导	模型评分	提交最终模型	按作业E要求完成						
	周日	作业指导		提交作业合辑	将作业A-E排版装订成A3册（含模型照片）						

（三）课程作业内容

课题以"10+20"为题，以杆件、片墙、体积等为抽象空间组织要素，在300毫米×300毫米的网格上进行空间的围合与组织，并进行不同空间形态的比较。在建立基本空间形式后，要求分别与不同环境发生关系，协调空间形态与环境的关系，并在此基础上进行屋顶、地面等水平空间要素的组织，同时进行材料的研究，在材料透明度、厚度、刚度等方面的作出判断与选择，最终完成小型茶室建筑的设计。

（四）考核标准

本课程为建筑设计入门训练，课程练习采取模型方式直观地进行动手训练和观察记录，课程阶段性明确。作业文本要求有完整的过程记录，并强调研究过程的逻辑性。

由任课教师分阶段对本班作业进行评分，最后根据阶段成绩进行综合评分。

二、课程阐述

空间形态基础是建筑与环境艺术设计专业的基础课程，2006年被广州美术学院评为校级精品课程。

空间形式的产生是使用、环境、材料、工艺等要素相互作用、平衡的结果，形式的产生因此是一个逻辑的过程，空间形态基础所体现的既是一种思想观念，同时也是关于空间形式能力培养的教学方法，使形式创造能力的培养可以经由逻辑性的教学操作，让学生自己去发现形式，也发现自己的造型潜力。

本课程的教学特色表现为强调方法的理性，同时强调基于形式敏感的感性体验，教学过程强调动手实践与直观体验，强调过程的逻辑性，通过学生直接操作和体验获得对设计、材料、建造三者关系的认知，培养学生观察、描述、制作、试验的能力。

课程内容：

模型要素：体积3米×3米×3米/片墙3米×3米/杆件3米，以10+20的形式：10片墙+20杆件/10体积+20片墙/10体积+20杆件，以1：100的比例在300毫米×420毫米的卡纸板上、依据300毫米×300毫米网格进行自由排列组合，以轻松游戏的心态进行，观察由此产生的空间的围合，观察不同的组合空间方式在大小、形状、开放与封闭程度、方向性、层次关系、相互间的穿插咬合、互相依存等方面的关系。

组合的杆件、片墙、体积的数量和网格的大小虽然是规定的，但组合有无穷的可能，由此产生了空间形式的多样性，观察、比较这些不同的空间组合形态的差异性与特点，初步建立对空间造型逻辑的认识。

将先期完成的基本空间造型置于不同的场地环境中，寻找在不同环境下空间形态与周边环境的关系，包括树木、地形、水面等环境要素的影响，结合基本空间造型在形状、开放程度、方向性等方面的特点，在距离远近、朝向、开口等方面作出选择。

根据基本空间形式与场地环境的关系，进行水平要素的添加，理解屋顶以及地面的对空间的限定和塑造、表现潜力，自我选择一个满意的空间模型进行完善。

将空间模型赋予比较单纯的功能，将其完善为茶室建筑，杆件、片墙、体积可以直接转换为柱子、墙体和房间，3米为模的实际尺寸接近现实的设计经验，初步建立对结构逻辑的认识。尝试处理空间造型的个性与功能之间的关系，体会人的行为与空间的关系。

结合功能的要求以及环境因素的考虑，对包括墙体、地面、屋顶在内的空间界面的物理属性作出选择和判断，如透明度、厚度、刚度及材料的选择等，提交方案的比较，进一步观察完成的造型结果的多种可能性，体会视觉及空间体验的差异性和表现性。

总结练习的全过程，回顾其中条件的限定性、设计思维的逻辑性和开放性，以及结果的创造性。

三、课程作业

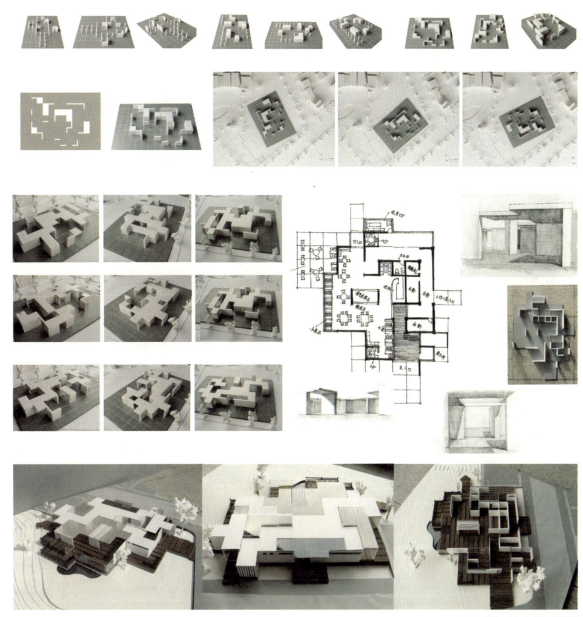

何丽佳 钟文标 符智

评语：
设计过程完整，空间形式的比较、推敲认真细致，差异性明显；对内部空间的层次性把握比较好，与功能的结合较为理想；并能关注到材料细节对空间形式表现的影响。欠缺的是在与环境关系的处理上，未能实现外部环境的空间组织重建。

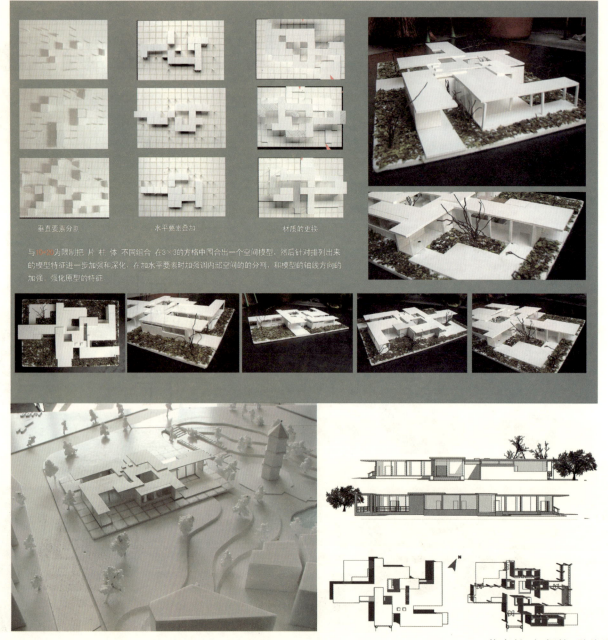

劳卓健 何振锋 陈海隆

评语：
　　设计过程逻辑清晰，整体空间形式具有表现力，并能与外部环境形成良好的对话，空间关系主次分明，内外空间协调且具有张力。但前期在空间形式的差异性和多样性方面仍显尝试不足，在材料、细部的认识、处理上也有待提高。

广州美术学院设计学院建筑与环境艺术设计系

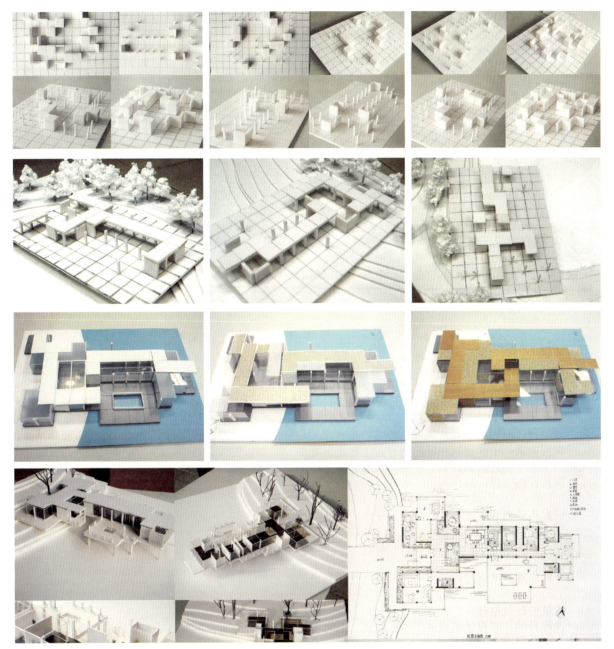

王璋波　倪浩娟　田晶

评语：
　　设计过程清晰、完整，前期对空间形式多样性的尝试把握较好，但空间的形式张力略显不足。能与环境形成良好的空间层次关系，能将功能与内部空间的组织较好地结合起来，并大胆实验空间的材料表现，但内部空间的层次比较单薄。

课程名称：**建筑设计及原理（一）、建筑设计及原理（二）**

主讲教师：**胡雪松**
1963年出生。教授、国家一级注册建筑师，硕士生导师。1993年毕业于重庆大学建筑系，获硕士学位，现任北京建筑工程学院建筑与城规学院建筑系主任。
李春青
1974年出生。现任北京建筑工程学院建筑与城市规划学院建筑系副系主任，讲师。1998年毕业于山东建筑大学，获学士学位。2001年毕业于北京建筑工程学院，获硕士学位。2008年毕业于北京林业大学，获博士学位。
王　欣
1976年出生。2000年毕业于天津城市建设学院建筑学，获学士学位。2000～2002年任职于北京非常建筑设计研究所。2005年毕业于北京大学建筑学研究中心，获硕士学位。2002至今任职于衣甫设计室，主持。2005至今任教于北京建筑工程学院建筑与城市规划学院。
王光新
北京建筑工程学院讲师，建筑学硕士，资深建筑师，具有多年的工程实践经验。
段　炼
北京建筑工程学院讲师，建筑学硕士，资深建筑师，具有多年的工程实践经验。

一、课程大纲

建筑设计及原理（一）

课程目的：为了建筑设计的目的、意义、基本原则；掌握建筑功能的原则和分析方法，有能力在小型居住类建筑方案设计中通过平面布置、空间组织、交通组织、构造设计等满足建筑功能要求；掌握建筑美学的基本原则和构图规则，掌握空间组织、形体塑造等表现建筑艺术的基本规律；了解建筑与环境整体协调的设计原则；能对影响建筑方案的各种因素进行分析，对设计方案进行比较、调整和取舍。

课程要求：了解建筑功能的概念，了解建筑功能的策划、生成、分类、与人的行为和心理需求之间的关系，了解空间之间的并列、穿插、包含等关系，了解建筑空间与城市环境的相互关系。

课程计划安排：共16周。

课程作业内容：
1. 墙格四宅；
2. 窑洞改造——乡村公路服务站。

考核标准：采用过程化考核与期末考核相结合的方法

建筑设计及原理（二）

课程目的：掌握建筑设计的基本原则；具有在小型公共类建筑方案设计中通过平面布置、空间组织、交通组织、环境保障、构造设计等满足建筑功能要求的能力；掌握空间组织、形体塑造、结构与构造等表现建筑艺术的基本规律；掌握建筑与环境整体协调的设计原则；能对影响建筑方案的各种因素进行分析，对设计方案进行比较、调整和取舍。

课程要求：培养建筑设计的语言逻辑，学习对图形空间属性的解读及其所引发的行为与叙事的可能。学习以具体的图形条件作为结构性凭借，进行设计利用。学习建筑与人的行为的关联，学习对空间经验的理解与定义：透明性、深度空间、浅表空间、层次、时间，学习培养设计的分析能力和表述能力。学习理解设计形式结构与建筑力学结构之间的关系。学习建筑空间与人的行为、与环境的关联关系，了解在城市空间中建筑的角色。

课程计划安排：共16周。

课程作业内容：
1. 界上建造；
2. 周遭六记。

考核标准：采用过程化考核与期末考核相结合的方法。

二、课程阐述

（一）全过程研讨式教学法

传统的教学法是教师一对一地给学生改图，学生只关心自己的方案，忽视他人的设计，思维开拓不足，导致教学效率不高。研讨式教学法让学生形成小组研讨的方式，研讨每一位学生的方案，促进了学生之间的交流。这种讨论还每隔3～4周扩大到班级与班级之间的交流，即每班挑选有代表性的学生方案与其他班级学生讨论交流。同时教师作为课程的组织者和关键时刻的修改意见的参与者，主导着研讨的范围和方向，这样教学思维训练的信息和知识量成倍增大，提高了教学效率。

（二）阶段目标与阶段评价教学法

针对建筑设计课程较长、学生托图严重的问题，我们严格控制教学管理程序，建立了明确的阶段性任务和目标，并通过对学生的阶段性成果的检查和计分，严格杜绝了学生平时对付老师、交图时连续熬夜的习惯。

（三）专题教学法

建筑设计题目通常是综合性的题目，因此学生往往在每一次设计过程中都要考虑环境、功能、结构、构造、室内设计、建筑表达、模型表现等问题，通常想"眉毛胡子一把抓"，但是由于个人还没有形成完整的建筑设计能力，往往又会顾此失彼。因此，我们采取了教学载体的调整，课程教学调整了部分教学结构，把一些重要的内容单独形成短时间的专题，便于学生集中精力学习，充分把握。

（四）主动创造教学法

这种方法以对教学载体的深入剖析为起点，根据课程目标和环节任务，仔细地设置教学内容和教学进程，引入"策划"的概念和任务。要求学生们在给定的背景框架下，首先对任务的内容和方向进行决策，这样一来，学生在设计的过程中始终处于一个主导的位置，积极性和主动性会极大地提高。

三、课程作业

学生作业一：界上建造
学生姓名：邬级
班　　级：建筑学07级

评语：
　　学生选择"回"的界进行设计，利用该空间的回环之特色而策划为展览馆，并利用界的结构凭借而设计一系列的展示空间和游览路线，很好地体会了空间与人的行为，及空间与界本身之间的各种呼应关系，展示了学生对空间语言的掌握与运用能力。并且建筑表达清晰、完整、有条理。

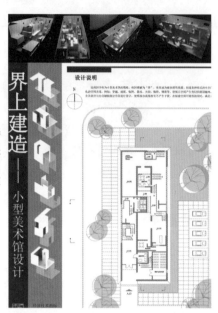

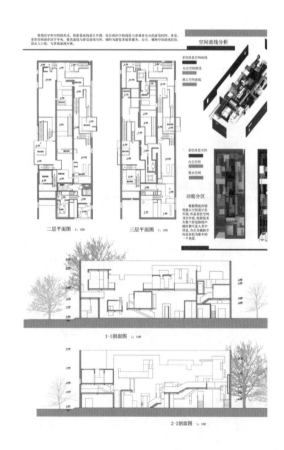

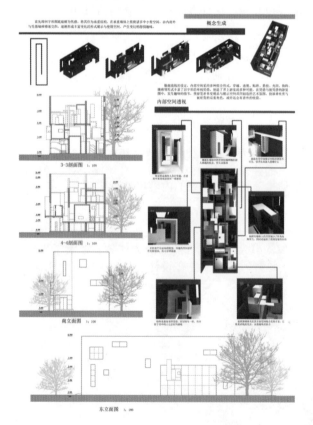

学生作业二：旧城补丁六记
学生姓名：潘玥
班　　级：建筑学07级

评语：
　　学生利用给定旧城环境中四合院拆除屋顶后形成的墙格空间来延续传统旧城的生命之火，策划了茶馆类的展示空间的构思，在设计中处处留心空间的流动与呼应，留心茶文化行为与空间的对应关系，得到了创意、空间、功能俱佳的诗意方案。并且建筑表达清晰、完整、有条理。

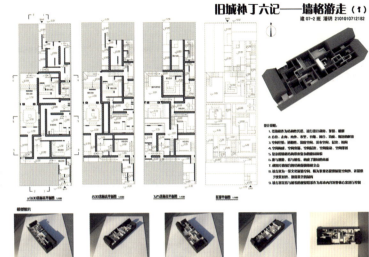

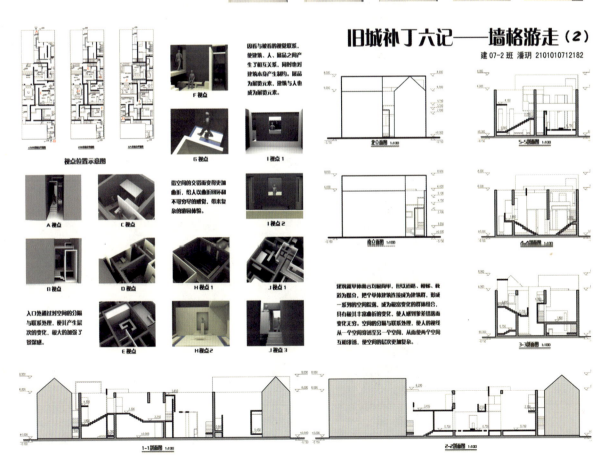

学生作业三：旧城补丁七记
学生姓名：七人设计小组
班　　级：建筑学07级

评语：
　　七位学生选择了不同的地形环境条件，给出了自己各自不同的理解和反应，得到了自己对旧城的医治方案。此时，某个方案的小瑕疵已经不重要了，重要的是大家集体创造的建筑答案，和相互之间的学习与交流。

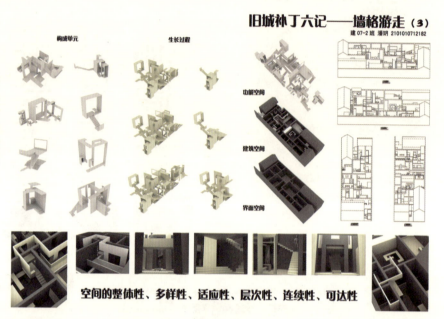

旧城补丁七记

城市就是一个老头，他向来接受中医：推、拿、按、摩、汤、剂、膏、灸。他喜欢这种方式，因为：一，足够温和；二，语汇丰富。
籍此，可以归为这样一句话：

修补，带著诗意的。

这句话既指向城市建设的暴力，又指向城市更新语汇的贫乏。
这句话注定设计工作将是局部策略，又是一个鲜活的词汇表。

　　我们的工作仅仅是创造了7个修补词汇，他们分别是：

一，云吞记
二，瓦山记
三，昆折记
四，鱼鳞记
五，街庭记
六，骑埠记
七，穿肠记

　　它们大小悬殊，大者比园，小如案头清玩；它们是一块膏药，一盘针灸，一颗镶牙；它们小打小闹，修修补补，与老城相安。

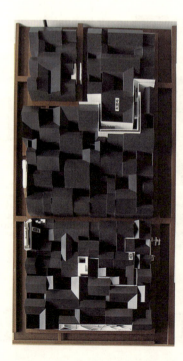
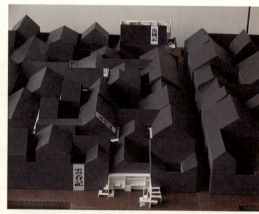

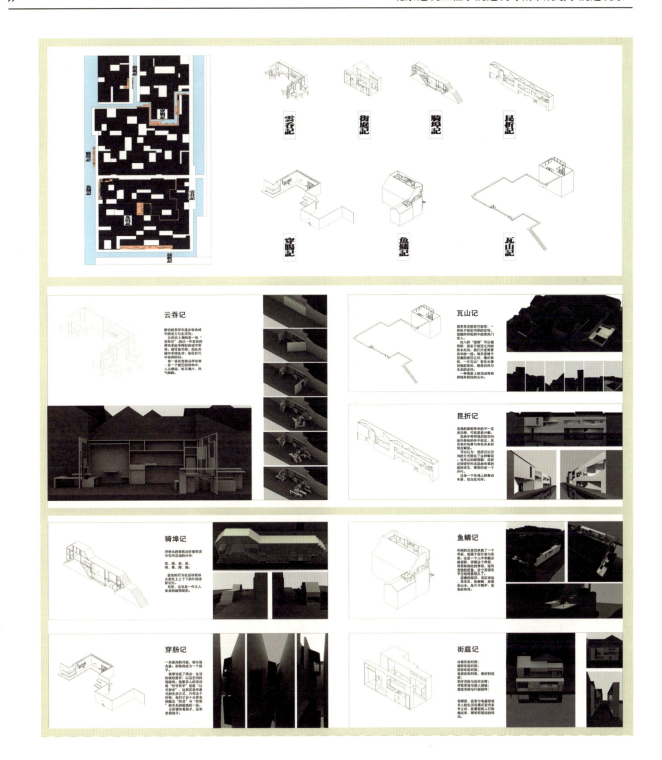

课程名称：**空间概念设计**

主讲教师：**都红玉**

女。1974年生。硕士，天津美术学院环艺系讲师。昆明理工大学建筑设计及其理论专业硕士。2004年12月至今任教于天津美术学院，主要从事建筑设计基础课程教学和研究工作。

王星航

女。1978年生。硕士，天津美术学院环艺系讲师。2002年7月毕业于河北工业大学建筑与艺术设计学院建筑系，获得工学学士学位。2005年3月毕业于天津大学建筑学院设计艺术学专业，获得文学硕士学位。2005年5月至今任教于天津美术学院。

一、课程大纲

（一）课程目的与要求

本课程是环艺专业系列课程的专业延修课之一，处于环艺专业设计课程的基础教学阶段，该课程系统地介绍了建筑空间从单一空间到多空间的塑造方式，旨在加深学生对建筑空间的认识，提高审美素质和创造性思维能力，为专业设计后续课程提供空间思维的准备。

（二）本课程要求学生了解并掌握以下内容

1. 空间的概念与分类；
2. 单一建筑空间的限定与影响因素；
3. 建筑空间的两两组合；
4. 多空间的组合。

（三）课程的计划安排

课程阶段	章节	内容	分课时
讲授部分	第一章	空间的概念与分类	2
	第二章	单一建筑空间	4
	第三章	建筑空间的两两组合	2
	第四章	多空间的组合	4
作业部分	作业1	空间想象	4
	作业2	单一空间的塑造	24
	作业3	序列空间	24
总课时			64

（四）课程作业要求

作业之一　空间想象

要求：任选一张室内空间一点透视图片，忽略其材质、颜色、光影变化，绘出空间限定要素的结构线，并以此想象和发展出层次丰富、空间感强的空间想象图。

作业形式：用单色笔以A4素描纸（或色纸）绘出空间想象图，将原图和空间想象图拍成数码照片。

作业之二　单一空间塑造

要求：设计并制作一个模型尺寸在50厘米×40厘米×40厘米的空间场所，模型采用同一色泽材料；灵活采用基本限定要素对其进行空间限定；空间考虑人体尺度，标注比例；通过设计采光口探讨光在空间中的作用。

作业形式：绘制草图，制作空间模型，从各空间各角度拍摄照片，同时在暗室中投射光线模拟日光效果，拍摄纸箱内部空间光效照片。撰写设计文字结合照片制作演示文件。

作业之三　空间的序列与整合

要求：设计并制作一个模型尺寸在50厘米×40厘米×50厘米的空间场所，模型采用同一色泽材料；空间考虑人体尺度，标注比例；要求考虑空间的路径、引入、开口、连接、对比、衬托、高潮等处理手法，空间序列完整，有感染力。

作业形式：绘制草图，制作空间模型，从空间各角度拍摄照片，撰写设计文字结合照片制作演示文件。

（五）课程进度安排和考核标准

1. 课程进度安排

周 数	理论讲授	作业1 空间想象	作业2 单一空间	作业3 空间序列
第一周				
第二周				
第三周				
第四周				

理论讲授　　学生作业进度　　辅导进度　　评分进度

2. 核标准

分组		阶段分值	作业1 空间想象（10%）	作业2 空间序列（50%）	作业3 空间序列（40%）	工作量贡献率	总分值（100）
1		组员1	各项得分	各项得分	各项得分	百分数	总分
		组员2	各项得分	各项得分	各项得分	百分数	总分

二、课程阐述

空间概念设计课程的特色在于以下方面。

（一）课题为主、层层展开

空间概念设计课程旨在使处于设计启蒙阶段的学生理解空间的理论框架，掌握空间设计的基本手法，为专业学习做好空间思维的准备。由于空间概念理论通常被认为是十分抽象、晦涩难懂的，同时考虑到受众的层次和阶段水平的特点，因此不宜大量灌输原理性知识，而应以课题为先导，在作业安排中，从单一到复杂，用一系列相关作业来循序渐进地训练学生对空间的敏感性，将每一个知识点融入到课题中，以作业来加深对抽象理论的学习和了解。

本课程的课题分为三个阶段性作业，各个作业相互衔接，层层深入。

第一个作业是空间想象，学生接触环艺专业设计学习之前，惯于使用雕塑性思维看待建筑，因此从二维到三维，从形式到空间，需要经历一个思维上的转换过程，这个作业旨在让学生从常见的空间形式中提炼单纯的限定要素，进行发散性的思维，启发空间想象，为下一个作业提供空间思维的准备。

第二个作业是单一空间的塑造，作业引进了人体尺度的概念，让学生主动地运用建筑空间的限定手法、建筑空间形状塑造和界面处理方式等单一空间塑造的基本手法来设计并制作一个单体空间模型，并试验各种采光口对室内产生的各种光影效果，体会光影在空间营造中的独特魅力。

第三个作业是空间的序列与整合，融入了建筑空间的穿插与贯通，建筑空间的导向与序列等知识点，利用基本空间组织的手段，将多空间进行组织和整合，衍生出具有丰富空间关系的空间形式。

（二）注重实验性和操作性

由于空间需要学生自己主动地去体会，主动地去创造，因此课程作业强调实验性，重在启发学生多元而活跃的创造性思维，作业没有一定的程式，学生在探索中启发和发现新的灵感，在设计、反思、再设计的反复过程中达到新的理解,在开放式的互动中提升自己的空间思维;强调可操作性,课程将一系列空间的基本理论知识赋予实践方法,转化为可操作的真实可感的具体作业形式,有利于学生理解和掌握抽象的理论知识。

(三)兼具交叉性和趣味性

考虑课程的学科位置具有承上启下的作用,课题设计具有艺术设计基础启蒙的性质,又具有某种专业设计课程的特点,因此作业设计将创意训练和形式训练有机地结合,采用相近学科、相关理论的知识来激发学生的发散性思维,具有融合多种艺术设计形式的交叉性;强调过程的趣味性,由于是实验性设计作业,作业的深度依赖学生的主动性和参与性,因此作业采用独特的切入点,以促使学生在一种积极的、主动的、发现型的状态中完成作业,体验空间构成的乐趣。

三、课程作业

作业一　　空间想象

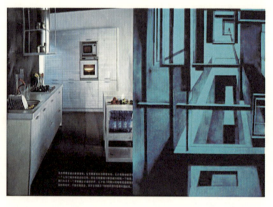

评语:
作业保留了原图的基本结构线,并在此基础上很好地发挥了空间想象力,空间层次丰富。

作业二　　单一空间塑造

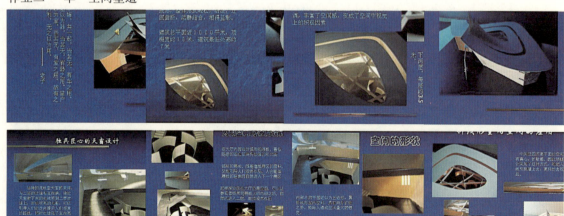

评语:
作业在空间形状、空间分隔、界面处理等方面处理得当,光线设计中考虑了引导参观人流和削弱屋顶重量感。

评语：

在封闭空间中灵活运用多种开口手段，探求不同光影的艺术效果。

作业三　　空间的序列与整合

评语：

作业综合地运用了空间限定的手法，并探索了界面多种开口处理手法的光影效果。

评语：

作业运用多空间构成的手法，灵活组织各个空间，构成序列。

课程名称：**自然设计方法研究**

主讲教师：**谢朝**

女。1968年生于天津。南开大学文学院艺术设计系副教授。1985～1989年就读于天津工业大学，获学士学位。2000～2001年就读于香港理工大学，获硕士学位。

一、课程大纲

（一）课程目的与要求

本课程以自然物象为研究对象，是设计专业学生建立"设计概念"和创意灵感来源重要的入门课程。重点引导学生直接观察、研究、领悟并学习自然中的形态元素的多样性与构成设计法则，拓展强化学生初步进入形态设计概念的思维方式以及领悟、发现、提取、扩展应用自然形态设计元素的分析判断能力和审美能力。课程重点是在发现的基础上研究自然形态与抽象形态的关系、形态要素的空间构成方法与审美原则，以及自然形态在空间的物理规律和知觉形态的视觉与心理规律，使学生在学习中始终主动把握形态设计的推演过程及设计创意的最终表现目标，在创新思维的前提下培养学生理性科学的形态认识能力、感受能力和深度的创造能力，是培养学生创新思维与高水平专业设计素质快速有效形成的重要专业设计基础。

（二）课程计划安排

课程设置为三个教学单元共148学时，分别在1～3学期完成：自然与设计的关系研究；自然与二维空间设计研究；自然和三维空间设计研究。

（三）各环节课程安排及作业要求

1. 自然与设计关系研究

教学内容以"设计过程研究"和"设计作品研究"为主。前者通过对自然形态及功能特点的分析，引导学生认识什么是"自然"，什么是"设计"，以及"自然"与"设计"的关系。后者通过对经典设计作品的解析，研究设计的形成和自然元素"设计化"的方法。

课程作业目的：认识"自然是设计造型的基础——造型元素研究"；认识"自然是设计方法的基础——设计原则研究"。

课程作业内容：自选主题进行"造型元素"和"设计方法"的研究与表现。

考核标准：能正确认识表现"自然"与"设计"的关系，能准确领悟表现经典设计中自然元素的存在形态与方式。

2. 自然与二维空间设计研究

教学内容以"二维设计经典研究"、"二维设计构成方法研究"和"自然形态研究"为主，培养学生将自然形态转化为二维设计元素的能力。

课程作业目的：掌握二维空间设计元素与元素构成的方法，培养学生对自然物独特的观察提取与表现能力。训练学生融合造型要素，进行二维设计形态的创新设计。

课程作业内容：自选自然物象（动物、植物），在由整体至局部的写生过程中，研究、挖掘、归纳、表现该自然物最具特点的形态构成方法；以自然形态元素为语言，以意象传达为目的，进行二维空间创意设计。

考核标准：能深入观察与研究自然物象的审美特点，归纳、强化后转化为二维设计的形态元素。

3. 自然和三维空间设计研究

教学内容以"自然物空间形态研究"、"材料与结构表现研究"为主，引导学生设计思路逐步由二维空间转向三维空间,强调三维造型中形态、尺度、肌理、材料、结构、光影等元素间关系的整体把握。

课程作业目的:掌握"三维空间设计元素与元素构成的方法",扩展"二维造型思维的空间转化",建立"三维造型的思路和相应技巧",培养"三维空间想象能力和设计能力",并加强对尺度、材料、结构的认识与体会。

课程作业内容:以前述自然物象的形态特征为基础,分别完成二维半空间设计、三维空间造型设计和触觉肌理设计。在设计中,要求能最大限度地发挥自然物象的审美特点,综合应用多种材料,合理设计结构,创造出具有各种空间表情的作品。

考核标准:在创意设计由二维走向三维的过程中,能准确理解不同维度空间的造型特点与构造方法,能较好把握创造多维形态空间尺度关系和多维空间形态的审美关系。从而完成自然形态向设计形态的综合转化和提升。

二、课程阐述

自然设计,是环境艺术设计专业的基础课。本课程旨在引导学生认识"自然是启发设计师创作灵感的源泉",注重培养学生对自然中所蕴含的形式美感的感受能力、观察能力和研究能力,以及将自然形态转化为创作灵感、提炼为设计元素的能力。

课程分为三个教学模块:"自然与设计关系研究"、"自然与二维空间设计研究"和"自然与三维空间设计研究"。

在"自然与设计关系研究"模块中,通过对设计案例的分析,引导学生认识"自然"与"设计"的关系,以及自然元素"设计化"的方法。学生在"造型元素"或"设计原则"中自主选择课程作业的主题,通过大量设计作品与自然物象的研究,不断深化课题内容并予以准确表现。

在"自然与二维空间设计研究"模块中,注重培养学生在自然物象中发现"设计美",并将其转化为设计形态的能力。首先,由学生自选日常生活中常见的动物或植物作为研究对象,由整体至局部地观察、解析,并以写生小稿的形式就其最优美的形态进行表现。随着研究的逐步深入,学生常会发自内心地感叹:在这些普通的、熟悉的自然物中居然隐藏着这么具有"设计感"的形态!有了深刻的感性认识和理性分析,再引导学生从具象的自然形态中提炼造型要素、创造新二维设计形态便是水到渠成的了。

"自然与三维空间设计研究"是本课程的最后一个模块,也是与专业设计关联最为紧密的环节。在前述模块的基础上,从形态、结构、材料、力学等角度更为深入地研究"自然形"与"设计形",改变二维造型的惯性思维,逐步建立三维造型的空间想象能力和设计创造能力,是本环节的重点及难点。为取得良好的教学效果,课程以"自然物象三维解析"、"从二维到三维——二维半设计"、"材料与肌理"、"结构与光影"等内容为主题,分别进行针对性训练,以加强学生对三维形态及空间关系的理解和认识。

本课程的创新点主要体现为专业性、研究性和自主性。其中,"专业性"体现为:教学内容关注环境艺术设计专业的专业特性,强化三维形态创新设计与空间关系的把握;"研究性"体现为强化以学生为主体的个性化研究,课题连贯、系统,避免了以往设计基础课中以知识灌输、技法传授为主的缺点;"自主性"则是在课程作业的设置中,最大限度地激发学生的学习兴趣,使其始终以饱满的热情探究设计的规律及方法,取得了良好的教学效果。

三、课程作业

A. 自然设计方法研究3-1：自然与设计的关系研究

学生作业一（作者：周恩博、叶维善等）

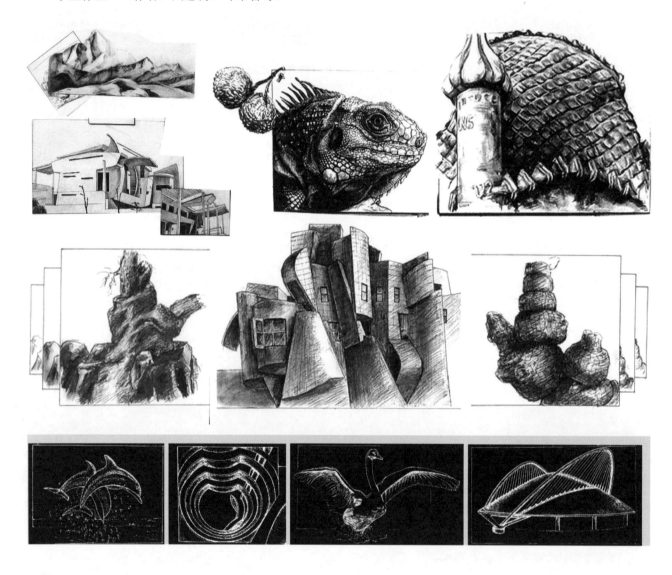

评语：

学生在对自然物象和设计作品作了大量分析的基础上，自由选取课程作业的主题进行更为深入的研究，如"体块的空间关系"、"曲线的空间结构"、"材质与肌理"等。在自然物象中，大至巨石山川、小至微观生物，都展现出了生动的空间形态和丰富的组合关系。作业主题鲜明、重点突出地就经典设计作品中相关设计脉络进行解析，表现出作者对造型元素、设计原则以及自然设计方法的清晰认识和理解。

学生作业二（作者：周延伟、高山）

评语：
　　作业分别以"骨骼与结构"、"结构与肌理"为主题，希望透过物体表面的形或色，研究其内部结构与外部形态、材料肌理以及空间功能之间的关系。通过对自然物和设计作品的解剖与分析，作者发现自然界很多优美形态的根基是"结构"，它们不仅是支撑外部形态的必需，同时也因其存在的"科学性"而独具审美意味——因"用"而美，非因"美"而美，这既是自然的启示，亦是现代设计的追求所在。

B. 自然设计方法研究3-2：自然与二维空间设计研究

学生作业一：蜜蜂（作者：周恩博）

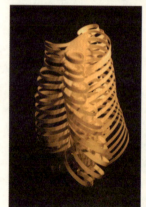

评语：

蜜蜂，形体娇小，但却隐含着异常丰富的形体结构。在放大镜和微距照片的帮助下，周恩博将蜜蜂标本进行细致的拆解、表现，其结果让我们惊叹：这样小的一个生命都是如此精密、复杂、科学和美丽。在形态、结构、纹样、肌理等诸多形态中，最令周恩博着迷的还是是肌理——他在第一个教学模块中选择的主题。但怎样将蜜蜂"毛茸茸"的特征和感觉，利用形体关系、材料结构、光影肌理等途径进行空间表现，也费了一番周折。在尝试了瓜子、八角、棉签以及从校园里捡到的不知名的植物花絮等多种材料之后，还是决定用"纸"。这些以纸为媒介，表现蜜蜂"毛茸茸"的感觉的作品，形态丰满，变化丰富，不仅最大限度地发挥了纸的材质特点，也巧妙地应用简单的结构构成层次分明的空间关系。

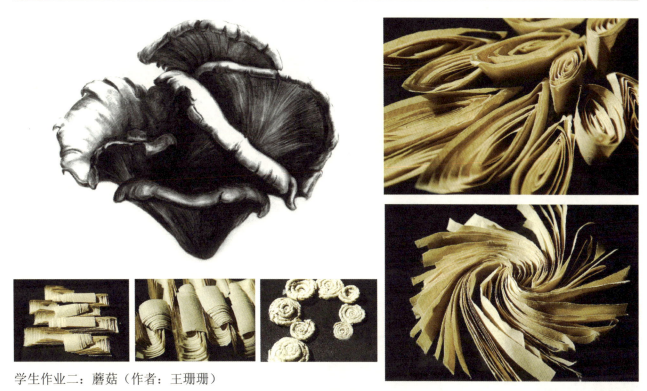

学生作业二：蘑菇（作者：王珊珊）

评语：
　　蘑菇，层层叠叠，形成强烈的线性美感。将蘑菇逐层解析之后，会发现极具序列美感的线性造型背后，是浑厚的体块及体块的空间累积。如何突破二维空间线性美的表现，更为深入地研究蘑菇的立体形态、分析其空间结构和关系，是王珊珊作业中的重点。她的作业，清晰地显现了这个由表及里、由二维向三维递进的过程。

C. 自然设计方法研究3-3：自然和三维空间设计研究
学生作业一：花生（作者：刘建波）

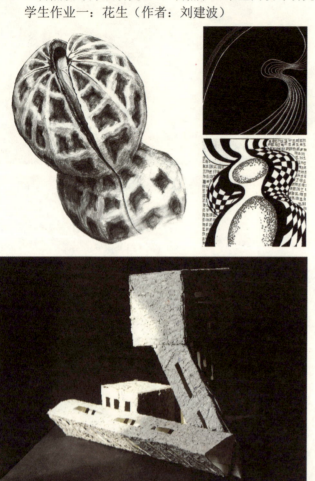

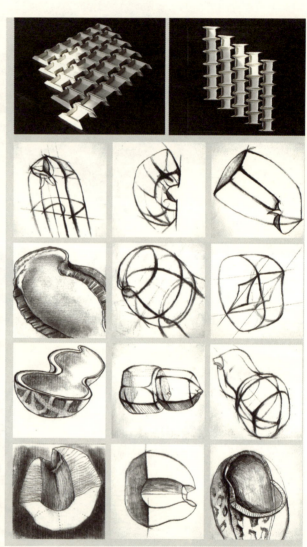

评语：
　　花生，是大家再熟悉不过的食品了。花生形态简单，结构单纯，以它为研究对象，真可称得上是对自我的挑战了。刘建波的课桌上散落着大大小小的花生，有整有零，研究的过程时而困顿，时而流畅。课程即将结束之时，他意犹未尽地感叹："花生太好看了，花生太有内容了"！从他的作业中，我们看到了花生的美丽：饱满的体块、硬朗的切面、交错的形体关系、独具装饰效果的肌理……这些具象的形体，在设计中则转化为抽象元素，充满新意。

学生作业二：皮皮虾（作者：于伟）

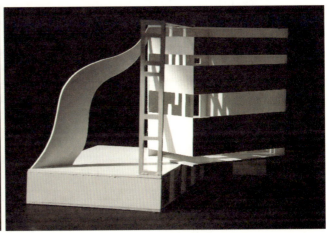

评语：
  皮皮虾的结构非常复杂，具有很强的表现力，正如于伟所说："画不完"。怎样整合、归纳和概括形体特征，成为表现皮皮虾的关键。于伟的理解是："设计，不是对自然的简单复制，是一个选择的过程——强化自己所需要的部分，不被其他细节所干扰"。坚硬的外壳、排列有序的肢体，是于伟在解析皮皮虾时最为深刻的感受。非常棒的是，他将这一感受以视觉的形式准确地传达出来了，二维半以及三维形体的创意既来自于自然，又不为具象形所束缚，洒脱大气。

课程名称： 限制中的自由——生活空间进行时……（"艺术与建筑"实验性课程系列）

主讲教师： Sylvestre Monnier（莫尼艾）：法国巴黎高等装饰艺术学院室内建筑系主任、教授。
　　　　　　吴　昊：西安美术学院建筑环境艺术系主任、教授、博导。
全程翻译： 吴树农：西安美术学院国际交流处处长。
总 策 划： Dominique Thinot（提诺）：法国巴黎高等装饰艺术学院教授、亚洲事务负责人。
　　　　　　吴　昊：西安美术学院建筑环境艺术系主任、教授、博导。
　　　　　　吴树农：西安美术学院国际交流处处长。
助　　教： 李　媛：西安美术学院建筑环境艺术系讲师、西安建筑科技大学建学学博士在读。
　　　　　　张　豪：西安美术学院建筑环境艺术系讲师、硕士。
　　　　　　韩　菡：西安美术学院史论博士在读。

一、课程大纲

（一）课程目的

课程旨在让学生通过旧厂房的改造设计去理解建筑室内功能的转化与方法，及其如何把握特定主体对生活的需求和如何在设计中体现与推敲。该课程强调建筑室内设计应遵循"舒适（Comfort）、美观（Beauty）、惬意（Pleasant）"三个标准和原则，强调通过对特定人体尺度的把握，对视觉的和谐与"诗意化"精神审美层面的反映为设计方向，通过草图、模型、多媒体、展示的手段使课程成为一个完整体系，让学生在紧张而饱满的过程中深刻地体会建筑室内设计的重要方法，本质意义及其永恒性。

（二）课程要求

本次教学实验课程研究在一个旧厂房中设计一个小型的2层单人单体室内建筑空间。旧厂房单间室内的面积设定在90平方米，高为5300毫米，小型单人建筑的尺度为2800毫米×5000毫米×4100毫米，以个人使用的工作室为设计主题方向，进行建筑空间改造。

课程内容包括方案草图表达、单色概念模型表达，及空间设计形态的展示，以全方位地训练学生的设计表达能力，通过作业来反映学生的空间布局能力，是建筑技术和相关知识的理解和设计过程的系统训练。

通过草图、模型对设计创意进行完整的表达与调整，理解与掌握空间内各物体的分析方法是此实验性课程必要的学习过程。课程将首先从个人表达和创造性培养开始，通过快速表达、模型尺度的研究帮助学生分析结构，这个过程旨在让学生理解一个具体的空间、形式的研究方法，理解一个空间内部和其他空间之间以及自然环境因素和谐发展过程。引导学生感性结合理性的将创意内容完成体现出来，并通过展览展示加深学生对设计方法、技术和艺术思想的认识。该课程以选拔高年级本科优秀学生形成的研究团队为主，通过实践了解形态与空间尺度之间的构成关系，让学生形成完整的设计表达、推敲过程意识。

（三）计划与安排

此次课程共分为四个阶段。

第一阶段由学生根据Monnier教授所讲授的设计方法和设计理

念，按照设计框架的限定进行草图性质的设计。

第二阶段是当每个学生的设计草图经过Monnier教授审定之后，学生根据草图进行建筑室内模型制作。这个阶段，Monnier教授自己做出了大的旧厂房空间模型，这样就要求学生的小空间模型必须严格地按照外形尺寸要求，最终以能够进入大空间模型的"盒子"为目的。因此，该阶段的工作占用的时间比较长，也是课程的核心，学生必须在接受严格设计训练的过程中去完成自己的设计及创意，并最终用三维实体形式表现出来，同时，还要接受Monnier教授严格的测量检验与审定。可以说，在这个过程中，学生得到了真正的锻炼，在短时间内完成了一次有关于设计认知和设计能力的质的飞越。

第三阶段是大师作品展示与讲解阶段，Monnier教授从法国带来了设计大师Le Corbusier（勒·柯布西耶）的设计作品。在设计课程的最后阶段给学生进行了讲解，并以一个法国人的视角解读了这位大师，使学生在完成自己设计成果的同时加深了对设计本质性与永恒性的认知。

第四阶段是课程展示阶段，全体学生在老师的带领下完成布展，将教学成果汇报给各界。

（四）作业内容

1. 方案草图。在对已有限定的功能及具体实用面积进行小空间内的布局，同时考虑光线及在大空间中的具体位置，完成设计创意。建立空间尺度的实体概念，注重单体与周边环境的相互关系影响的考虑。

2. 单体模型制作。以1:20的比例完成2800毫米×5000毫米×4100毫米单体概念模型的制作，要求模型为白色，不得出现其他色彩，并制作同比例大小的模型人一个。本阶段旨在运用模型的研究手法对设计创意进行实体、空间构成分析，并要求学生不断将模型人放入搭建的空间内考虑每一部分的尺度合理性，并依次调整设计方案，逐渐提高设计合理性、强化感性与理性结合的观念。制作材料色板。

3. 空间关系推敲。将已经完成的设计概念模型，放入教授已经做好的90平方米的模拟厂房空间中，模拟两个空间虚实关系，通过对采光、流线的分析，确定小单体的空间布局，使学生通过直观的方式，更深刻地理解实体与空间环境的关系及其生成要素。

二、课程阐述

此次课程的主要内容是在一个旧厂房中设计一个小型的2层单人单体室内建筑空间,也就是通常所说的"大盒子里套小盒子"。旧厂房单间室内的面积设定在90平方米,高为5300毫米,小型单人建筑的尺度为2800毫米×5000毫米×4100毫米。以个人使用的工作室为设计主题方向,属于典型的Loft式建筑空间改造。

针对课程内容,Monnier教授用具有诗意化的语言解释到:"太阳升起来了⋯⋯不存在不可解释的已知的真实,'居住在那里'是基本的、主要的谓语,建筑和它的造型艺术与'社会'是'居住在那里'共同表达,建筑的图像和体现以'固定'和'移动'的'居住在那里'的不同方式显现给我们。改造,就是改造这里的生活和现在地球上的⋯⋯为期一周的建筑工作室教学活动将围绕一个可居住'物体',一个废墟或一个'曾经是'工业废墟的改造前的准备工作展开,考察它过去的用途、功能,对原有空间存在的人类工程和造型表达上的象征意义分析,一次'编舞'实验使这个居住建筑的空间成为我们存在方式的舞台⋯⋯"(吴树农译)。

本课程以现代教育技术应用手段为基础,以实验性教学成果为目的,进行了从专业的纵深发展方向,学生的个性化设计教育培养及设计师的设计形式元素提纯等多方面的研究方向为目的教学改革,反映出立足从实验性素描探索建筑创作与发展方向对当今环境艺术设计教育研究性实践的重要性。

该课程教学思维先进,教学方法开放,课题的设置使得原本概念化的内容形象化。将两个不同尺度的盒子进行空间的布置,使学生更好地理解室内空间之间的相互关系的重要性。学生在动手过程中充分掌握并深刻体验设计的目的、方法、意义,通过不同阶段的学习与掌握,有利于学生在对原创性设计思维的保存、分析、转化过程中理性地对设计内容进行分析,从而达到设计的升华的目的。

三、课程作业

Up and Down（作者：汪 洋）

评语：
　　这个方案以"Up and Down"为设计命题，设计服务对象为一名设计师。在设计过程中充分考虑了现有空间的特点与限制性，注重空间的实用性与多功能性，以满足使用者的需要。结构布局合理、功能完善。通过可移动的衣柜与餐柜，分割出满足不同功能需要的光照环境。通过此设计训练的过程，使其认识到设计和空间的关系。通过动态的分割空间，使空间得到最大限度的延展，具有一定的典型性。并通过展览展示，加深学生对设计方法、技术和艺术思想的认识。该课程以选拔高年级本科优秀学生形成的研究团队为主，通过实践了解形态与空间尺度之间的构成关系，让学生形成完整的设计表达、推敲过程意识。

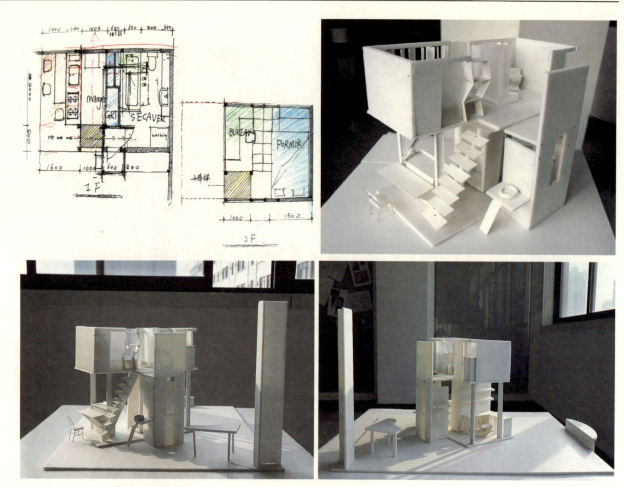

Lady's House（作者：陈雪晴）

评语：
　　方案以大体块的穿插构成，完成总体创意。抽屉式的隔墙最大限度地利用了空间。采光和使用空间的细节考虑周到，反映出较好的设计深度。可以看出作者具有较好的方案计划性与可深入度。有一定的设计完整性与连贯性，空间虚实得当，形态保持了较好的统一。作业反映出该学生对课程较好的理解程度与各阶段的教学目标的贯彻程度。

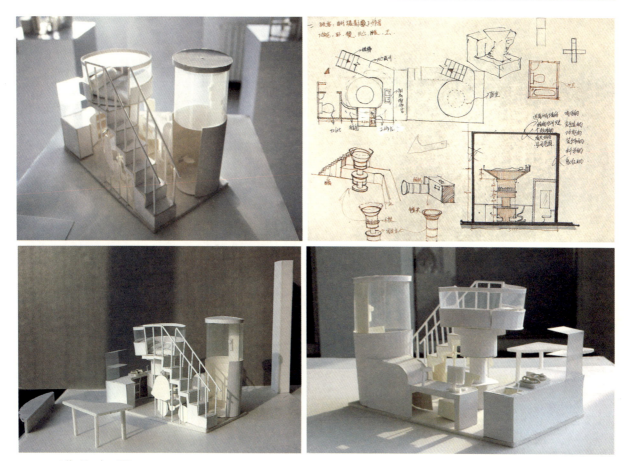

Focus（作者：齐 磊）

评语：
　　该学生定位的设计服务对象为摄影师，在考量了摄影师之家所需的使用功能后，以胶卷与镜头为创意的出发点，对设计元素进行变形并重组，以适应限定空间的使用需要。在不断地调整形态与功能之间的矛盾的过程中完成设计命题，并对设计中对"人的需要的考虑"有了全新的认识，"以人为本"不再是一句空话写在纸面上，而是切实地落在具体的设计案例中。教学的过程及课题的设计的重要性，远远胜过了教学结果本身。

课程名称：**建筑综合设计**

主讲教师：**李江南**：男。副教授，生于1965年。硕士，研究方向为建筑设计及理论。

人员构成：

姓名	性别	出生年月	职称	学科专业	在教学中承担的工作
陈伟志	男	1976年7月	讲师	景观规划设计	主讲人，景观设计部分参与教学科研
刘进华	女	1978年12月	讲师	景观规划设计	主讲人，景观设计部分参与教学科研
申丽娟	女	1978年7月	讲师	室内与家具设计	主讲人，室内及家具陈设部分参与教学科研
王秀萍	女	1979年1月	讲师	建筑技术科学	主讲人，建筑部分参与教学科研
王依涵	女	1978年7月	讲师	建筑设计及其理论	建筑部分参讲及课件建设参与教学科研
吉立峰	男	1978年5月	讲师	环境艺术设计	室内部分参讲及课件建设参与教学科研
李学	男	1975年6月	讲师	建筑技术科学	建筑部分参讲及课件建设参与教学科研

一、课程大纲

（一）课程简介

本课程为我校环境艺术设计专业的专业主干课程之一。自2001年以来，对课程进行了教学改革，于2005年申报成为本校校级精品课程，在历年的教学实践中形成了富有特色的教学实践体系。具体的改革与实践过程包括：

1.改革课程的教学体系，确定不同知识模块层次的综合性系列教学方案。本课程作为教学体系构建的主干课程之一，经历了从涵盖单一学科层次，到综合多个学科层次的渐进式发展过程。为适应社会对环境艺术设计专业学生的职业需求模式，提高本专业学生就业面的广度与深度，本专业在教学探索中逐步建立了综合发展观，改变了过去环境艺术设计专业只重视室内设计，而忽视建筑与景观设计教育的培养模式。基于这一教学理念，本专业于2004年11月开始，由李江南副教授主持，进行了"环境艺术设计专业系列课程建设"的教学改革和科研，对本专业教学体系进行整合，逐步建立了以建筑基础理论与设计知识模块为基础，涵盖室内与景观设计知识模块的一体化教学思路。建筑综合设计即为这一改革与创新的产物。在本课程中，将建筑、室内与景观三大知识模块融汇在一起进行教学，是对之前分模块层次教学的一次归纳和总结。

2.通过集体备课的手段科学界定教学内容，"三教合一"的授课模式精心组织教学过程。针对本专业学生的特点，在教学过程的组织上，采取"三教合一"的授课模式，即在授课过程中，将建筑、景观、室内三大方向的教师进行组合。一门课程的讲授由三个方向的三位教师共同穿插教学，从而避免了单一研究方向教师独自授课的局限性。将理论教学、认知实践、教师作业辅导以及模型制作按阶段、分层次，科学合理地穿插在对学生的训练中。

3.采用课堂教学、实践教学与课外指导相结合的综合性、启发互动式教学方法。在课程总体安排上将理论教学、认识实践、设计综合实践课程相结合，使学生对专业理论所涉及内容有更为深刻的体验，提高学生解决问题和分析问题的能力。在理论教学过程中，强化案例教学的内容，通过经典案例来讲述专业基础理论，课程中的所有基本原理的阐释均运用了多个实际案例来予以解说，从而启发诱导学生更加明确理论的针对性和可运用性，强化学生的创新能力。

4. 鼓励和组织学生参加各类设计竞赛和实际项目，并举办课程作业展览。收集和联系国际国内各类设计竞赛，鼓励学生积极参与，对于重大的竞赛，作为课程内容，配备教师具体指导，几年来取得了很好的效果。鼓励和组织学生参与实际项目，如将西湖文化广场、西湖博物馆、广厦房产集团的相关房地产开发项目等实际项目作为本课程作业的实际场地，指导学生着眼于实际，运用平时所学到的知识，严谨、务实地解决现实生活中所存在的问题。课程完成后，组织整个年级的学生举办"专题综合设计"作品展。促进学生相互学习和竞争，有利于学生查缺补漏，总结经验。同时，为低年级学生提前了解本课程提供一个契机。

　　（二）课程内容

　　基于综合、全面的原则，本课程在教学安排中针对之前专业学习中建筑、景观、室内设计三大方向彼此孤立、各自为阵，由于学科差异分散教学的状态，对大四学生的专业知识进行归纳和整合，培养学生综合处理实际问题的能力。既是对三者之间分散教学状态的弥补和完善，又是对之前专业教学成果的一次综合检验。

　　本课程划分为三大知识模块，即：建筑、室内及景观设计三大部分。在学习中，着重向学生灌输整体的学习观念，运用所学知识，以全面、宏观的观点来处理实际场地，关注场地中建筑、景观与室内设计的交叉共融，以明了清晰的设计理念。针对实际场地，进行一次从综观全局开始，到具体细节体现的从整体到局部、从概念到细节的综合演练。本课程总学时为80学时，包括四大组成部分，即：①教师课堂讲解基本原理部分；②场地踏查和已建成实例调研部分；③教师辅导学生作业部分；④教师指导学生制作模型及图面表达部分。

　　（三）教学方法与手段

　　1. 课堂集中讲授。教师集体备课，力求对内容高度熟练，能深入浅出地讲授场地环境设计的本质及建筑、室内、景观设计的异同点，讲清讲透，并引导学生逐步理解课程的本质及重点、难点，让学生掌握基本概念、基本理论和基本技术问题。

　　2. 网络辅助教学。利用网络，我们将教学课件上传，进行开放式教学，开设论坛，回答学生提出的问题，学生在课外时间可通过网络提交作业，教师通过网络将批阅后的作业返回给学生。这样不仅使学生能够及时修订自己的设计方案，又为师生双方的互动创建了平台。

　　3. 课外阅读指导。将相关的理论书籍和文献资料及时介绍给学生，以进一步扩展学生的知识面。

　　4. 案例讨论。在教案中准备了多个不同的教学案例，将这些案例让学生讨论或课外思考，使学生更多地了解实际，扩大视野。

　　5. 课程作业。通过对场地环境中建筑、室内及建筑外环境的综合设计，加深学生对课堂教学内容的理解，培养学生灵活运用所学知识的能力。

二、课程阐述

　　（一）课堂讲授

　　面对面进行知识、理论传授是最基本的教学方法。课堂讲授在有限的时间内浓缩课程精华，突出重点难点，是完成教学计划的重要环节，课堂讲授还可以保证信息的充分传递，突破教材内容的滞后性。课程组教师全部使用多媒体教学，制作了规范化的多媒体课件。但在授课中，还会应用适量的板书，强化知识点和难点，提示学生做好笔记。通过控制讲课节奏了解学生接受知识的基础和快慢，反馈学生信息。同时也体现任课教师的教学特色。

　　（二）启发引导

　　本课程组的任课教师经过自身的教学实践经历，总结出不少行之有效的启发引导教学方法。例如进行热点问题的专题讨论、典型案例分析等，教师提出问题，由学生先行讨论分析，之后由教师总结。

　　（三）双向互动

　　教师和学生通过经常性的交流相互推动、相互促进，使教与学有机地融合在一起。例如，每一章节授课结束后学生和教师分别进行总结，学生先提出自己的问题或不清楚的内容，或者是现实中的问题，教师鼓励其他学生为提问的同学解答，之后加以补充总结。教师也向学生提出一些基本问题，由学生通过思考、收集资料、课下讨论提出解决方案。教师对学生的解决方案作现场点评。双向互动式教学法增加了教师的动力和压力，促使教师勤于学习，不断更新知识，提高讲课技能；同时，提高了学生学习的主动性和积极性，使他们能够感受到学习的乐趣和师生之间的平等关系，增进师生之间的思想与情感的交流，提高了教学效果。

（四）联系实际

教学中注重理论与实际想结合，是本课程一直坚持的做法。使学生能够学以致用，做到触类旁通。能提高学习的兴趣，明确学习目的。

教学计划与大纲

本课程由理论教学与实践教学两部分构成，具体教学内容如下。

1. 理论教学环节

知识单元1　功能复杂的公共建筑设计方法　　　　　　　　参考学时：6学时
学习目标：
（1）公共建筑的功能问题。
（2）技术与经济问题。
（3）形式美的规律。
（4）建筑功能分析与空间组织；动线分析与交通组织；建筑艺术处理基本原则。

知识单元2　大跨度、大空间和结构复杂的建筑空间组合方法　　参考学时：6学时
学习目标：
（1）重复小空间的组合。
（2）大小、高低相差悬殊的空间组合。
（3）错层式空间组。
（4）建筑空间组合方法（难点）。

知识单元3　人流疏散、防火等技术规范　　　　　　　　参考学时：2学时
学习目标：
（1）建筑防火。
（2）安全疏散。
（3）消防设施。
（4）防火规范的合理运用。

知识单元4　结构选型设计　　　　　　　　　　　　　　参考学时：2学时
（1）建筑形体与结构布置。
（2）多层建筑结构。
（3）高层建筑结构。
（4）楼梯结构。
（5）结构选型在建筑方案设计中的灵活运用。

知识单元5　室内设计的内容和方法（简略）　　　　　　参考学时：4学时
（1）室内空间的形态、组合方式和原则。
（2）室内设计的内容和相关因素。
（3）室内设计的方法和程序步骤。
（4）室内照明作用与艺术效果。
（5）室内设计的内容和方法（重点）。

知识单元6　景观设计的内容和方法（简略）　　　　　　参考学时：4学时
（1）景观设计的基本方法。
（2）景观设计的程序和内容。
（3）景观设计的内容和方法（重点）。

2.实践教学环节

在本课程中，实践课程占的比重较大，具体而言，主要由四大部分构成：

（1）对实际场地环境的调查分析，充分把握场地的现状特征和历史沿革；

（2）对杭州本地已建成经典实例的体验和考察，还会利用课外时间集中组织学生对周边上海、南京等地的特色场地环境设计进行考察；

（3）课程设计实践部分，结合课堂老师的讲解和综合训练，查缺补漏，综合指导，解决实际问题。

（4）模型制作与图面表达部分，加上大量的课外学时完成。

序号	课程版块	知识模块	课程内容	学时
1	场地踏查、分析和建成实例调研	场地环境	本地特征、区位分析、人文、历史	2
		场地测绘	面积、标高、地形地貌、现状调查	2
		场地分析	根据设计规范及法规，结合前期调查成果，进行综合分析	2
		实例调研	周边优秀实地案例	8
2	教师辅导课程作业	设计快题	构思立意、快速表现	8
		设计过程草图	思深化、多种表现形式	20
		总结分析	可行性评讲、综合对比	6
3	教师指导模型制作与图面表达	图面表达	表现技法、版面制作	4
		模型制作	熟悉工具与材料并综合运用	4

课程创新点

（1）通过集体备课的手段科学界定教学内容，"三教合一"的授课模式精心组织教学过程，将实践教学环节与设计竞赛和实际项目相结合，培养学生宽基础、多层次、系统化的专业能力，塑造出具有市场竞争力、就业面宽的高素质人才。

（2）教学队伍具有良好的学缘结构，年纪较轻，科研动力强，学习热情强高，课程的可持续性强。

（3）保证教学的深度、广度和前沿性，强调新视角与新思维。

考核内容与方法

课程考核既是对学生学习状况的一种检验，也是对教师教学效果的一种衡量。因此，考核方式和考评指标设置有较高的科学性要求。我们建立了以基本理论、基本知识、基本技能为基础，以综合运用能力为重点，以学习态度为参照的综合考评体系，注重考评方式的多样化和考评指标的规范化。具体来讲，我们的评价体系主要由两个部分组成。

（1）平时成绩部分。通过学生平时对待本门课程的态度、学习的实际效果，从建筑、室内、景观三个方面进行一个综合的评定，内容包括：学习态度、规范了解、场地调查、场地分析、设计构思，占总成绩的60%。

（2）最终的作业成果部分。由于本门课程是一门实践性很强的课程，因此，学生的图面表达能力、手绘和电脑制图能力、模型制作能力也是一个重要的衡量指标，好的思路要靠一种好的方式表达出来才真正能成为完美的方案。因而这也是我们的一个重要的衡量标准，占总成绩的40%。

三、课程作业

本设计涉及创意产业园的建筑、外环境与室内。因本设计为分组完成，故在整体风格的协调与统一上尚存在着一定的不足。对于整体环境的把握相对较好，但对建筑的内外空间处理还有较多不足。

课程名称： **别墅设计**

主讲教师： **黄源**：讲师。清华大学建筑学学士，北京大学硕士，清华大学博士在读。
傅祎：教授。中央美术学院建筑学院副院长，同济大学学士、原中央工艺美术学院硕士、中央美术学院博士在读。
王环宇：讲师。清华大学建筑学学士、硕士，清华大学博士在读。
范凌：助教。同济大学学士，美国普林斯顿大学硕士。
刘斯雍：助教。清华大学学士、美国哈佛大学硕士。
吴若虎：助教。中央美术学院学士、硕士。
刘文豹：助教。北京大学硕士。
韩涛：讲师。同济大学学士，中央美术学院硕士，中央美术学院博士在读。

一、课程大纲

（一）课程在教学大纲中的位置

别墅设计是中央美院建筑学院本科二年级设计类课程的重要一环，是建筑学院全体本科生升入二年级后的第一个完整而全面的建筑设计课题。

本科一年级的课程多数的教学重点放在基础知识和基本表现技能方面，从别墅设计开始培养核心的设计能力。本课程授课周期为10周，课内80学时。本课程已经开展多年，积累了大量的教学经验和第一手的教学资料。

从全国建筑院校范围来看，别墅设计课程几乎是所有学校的必设课程，在学生从基础学习过渡到核心专业内容学习的过程中，均具有重要意义。

（二）教学目标

通过设计一个建筑面积在300～400平方米的小型别墅，作为建筑设计学习的开始。
1. 让学生掌握建筑设计的基本方法。
2. 了解建筑设计的初步程序。
3. 掌握建筑设计的基本原理。
4. 学习解决建筑与环境，建筑与功能的关系问题。

（三）作业要求

设计过程草图以A3规格草图纸自行保存，归档，最终评分时以其为参考依据；设计过程应制作概念模型/工作模型。

最终图纸成果要求：总平面图（1：500），各层平面图（1：100），四个立面图（1：100），至少两个剖面图为1：100，A4幅面建筑外部透视效果图一张，建筑室内透视效果图一张。以上图纸排版于A1不透明图纸上，手工绘制，尺规作图上墨线，透视图可适当上彩色。A1规格图纸数量不少于2张。

提交1：50正式模型。

（四）考核标准与评分方法

评判标准：制图准确，工作量符合成果要求； 满足功能要求，空间布局合理；设计有特色，构思有创意；设计表达完善、全面并有特点。

分值档位：四项标准均达到，90分以上；有一项标准稍有欠缺，85～90分；有两项标准稍有欠缺，或一项标准缺陷较大，80～85分；有三项标准稍有欠缺，或两项标准缺陷较大，75～80分；完成作业，工作量符合作业要求，60～75分；缺课三分之一以上，未能按教学要求完成作业，不及格。迟交作业总分不及格。

（五）学生成果评价与评图制度

对学生成果的评价是教学组织中的重要环节。本课程将小组评议与集体多组评议相结合，使得学生可以接触到来自不同教师和同学的意见。

最终评分时，"高分段教师集体评议、投票"，确定较为一致的评判标准，其余分数段由分组教师参照标准确定。体现了教学的整体性，在民主、透明的基础上，也适当考虑了不同教师的教学自主权。

二、课程阐述

（一）教学组织

课程进程控制，采取集体讲课与分组辅导相结合的方式，既体现整体的教学意图，也尊重不同教师的个性与研究方向。

严格执行分阶段的教学时段控制，保证整体教学进度。

（二）教学进度安排（以2008年为例）

第一周 周一：①分组及课题解释。②讲课——建筑的基本问题（黄源）。学生进行别墅设计资料收集，重点分析2～3个别墅设计实例。周四：讲课——居住行为与空间形态（刘文豹）。学生在本周课外进行别墅设计资料收集、设计地段调研和分析，详细确定个人设计任务书，编写/制作设计实例分析报告、设计地段分析报告和自定义设计任务书。

教学参观

第二周 周一：①讲课——建筑设计的初步程序（王环宇）。②提交上述分析报告和任务书，分小组讨论。周四：分组设计辅导。

第三周 周一：讲课——别墅形式分析（范凌）。分组设计辅导。周四：分组设计辅导（本周安排如遇中秋节放假将有所调整）。

第四周 周一：讲课——建筑材料、色彩与细部（刘斯雍）。分组设计辅导。周四：分组设计辅导。

第五周 国庆周（学生自行安排课外设计时间）。

第六周 周一：讲课——市场导向与学术导向下的别墅概念（韩涛）。分组设计辅导。周四（10月9日）：中期成果集中讲评（本周安排如遇国庆放假将有所调整）。

第七周 周一：讲课——设计成果的图纸与模型表现（黄源）。 分组设计辅导。周四：分组设计辅导。

第八周 周一：分组设计辅导。周四：分组设计辅导；提交正草(达到设计深度，正式绘图前的设计图纸)。

第九周 正式模型制作，成果表现。

第十周 正式模型制作，成果表现。

（三）教学特色

1.将设计过程分层次、分步骤传授；训练学生运用各种设计工具（绘图、工作模型和计算机辅助设计等），同步输入相应的知识、原理与设计理念。创造条件与氛围启迪设计智慧、拓展设计思维的深度和广度。

2.强调空间体验的创意与造型（形式）的推敲琢磨，通过分阶段的实体模型和各种图纸深入设计空间与外部造型。

3.在整体的教学控制中，分组教师能够在最终成果中体现有个性的细分方向。比如，材料与构造因素对于建筑外观的影响，结构因素对于空间构成的影响、地形与环境因素对于设计的影响、光线/空间/运动的关系等。

4.强调方案设计能力、图纸/模型表现能力的综合提高和最终成果的充实完整。

（四）教学资料积累

1.任课教师讲课课件全部收集归档。

2.集体讲授大课进行教学录像。

3.近三年全部作业图纸均有整理存档。

4.优秀作业模型（占总数的15%）基本全部存留，其余模型均有数码照片文件存档。这些珍贵的作业实例成为教学评估、教材建设和教学参考资料积累的重要基础。

5.收集、购置了大量电子版本的设计实例和资料，全部可提供给学生学习、参考（总文件量超过5GB，含有数百个别墅设计案例和其他设计案例）。

6.相关教材和图书在不断购置、增加。

（五）本院教材建设

1.韩光煦.别墅建筑与环境设计.杭州：中国美术学院出版社，2005.

2.傅祎.建筑的开始.北京：中国建筑工业出版社，2006.

3.黄源.建筑设计初步与教学实例.北京：中国建筑工业出版社，2007.

4.黄源.建筑设计与模型制作——用模型推进设计的指导手册.北京：中国建筑工业出版社，2009.

三、课程作业

学生: 黄灿洲
指导教师: 傅祎

评语:

体量在与地形相结合的同时,亦富于自己的个性,内部空间的组织与光线气氛的创造较好地结合了起来。

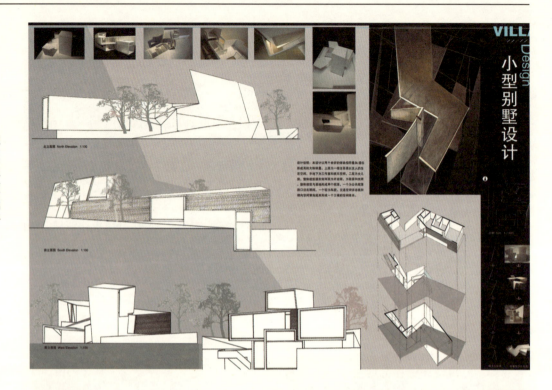

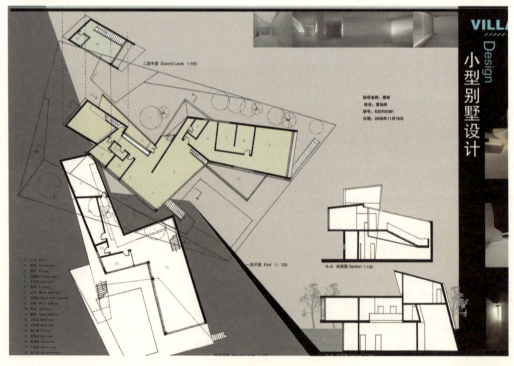

学生：温鹤
指导教师：黄源

评语：
　　设计在合理安排功能的同时，在两个相互扭转的体量内部创造了丰富的空间关系和流线。模型中部斜角突出的小空间是一个特别的会客休息空，将上下层空间布局和竖直方向的咬合关系表现了出来。作者使用手绘图纸、实体模型和计算机渲染图，充分表达了设计意图。

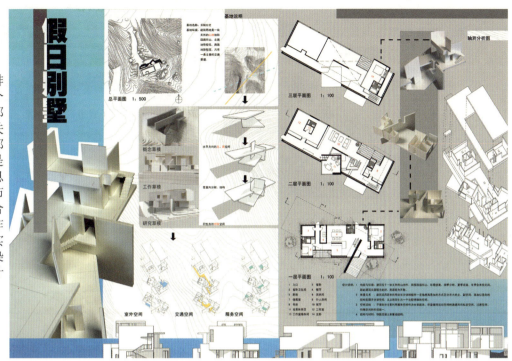

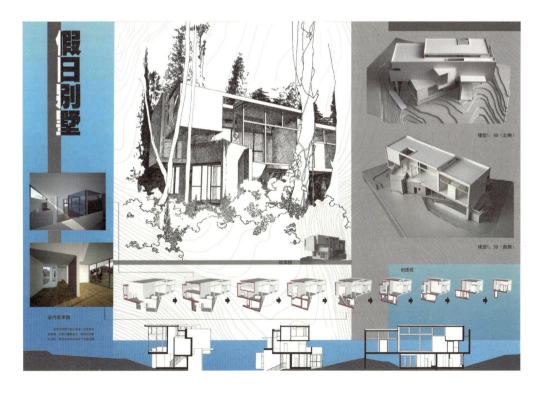

学生：李俐
指导教师：范凌

评语：
　　以实体模型完整地推敲错综复杂地内部空间，并以较完善的图纸进行表达。虽然内部尺度偏小，可能对日常使用带来问题，但不可否认，该作者有很强的空间想象能力，如适当加以梳理、提炼，似会更好。

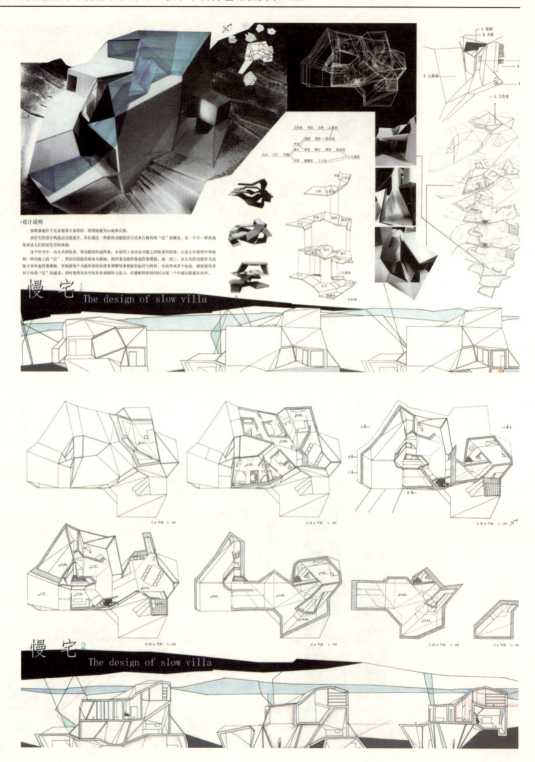

学生：王羽
指导教师：黄源

评语：
　　分散游离的布局，村落似的迷宫效果，单个房间以简单明了的体量和开窗方式表达了游戏、孩童的属性。计算机渲染图帮助推敲体量内部多变的光线效果。

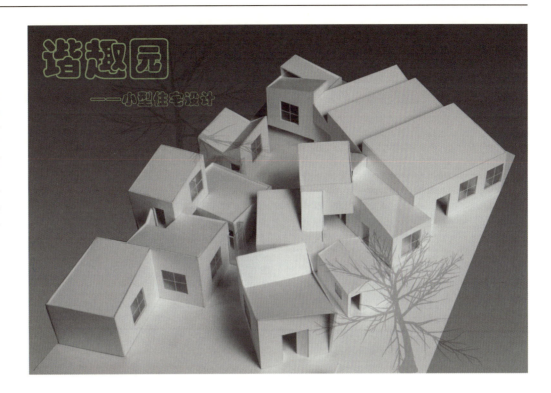

谐趣园
——小型住宅设计

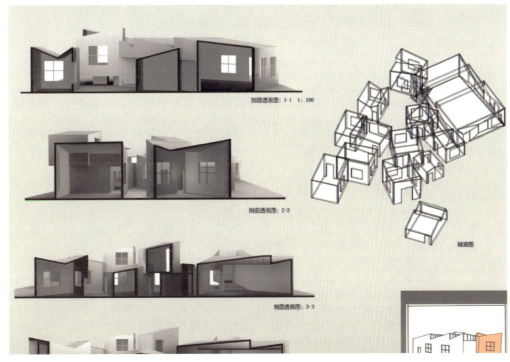

课程名称：**别墅设计**

主讲教师：**郑欣**
男。生于1970年。设计学专业副教授，高级环境艺术设计师，环境艺术设计系系主任。1992年毕业于广州美术学院获学士学位，2006年毕业于武汉理工大学艺术与设计学院获硕士学位。
侯佳彤
女。1964年4月20日生于吉林长春。深圳大学艺术设计学院，副教授。1994年毕业于哈尔滨工业大学，建筑设计及其理论专业，获建筑学专业硕士学位。
1994～1996年在哈尔滨工业大学建筑工程系任教，主讲房屋建筑学等课程。
1996至今任教于深圳大学艺术设计学院环境艺术设计系。
宋鸣笛
女。1974年9月7日生于河南。深圳大学艺术设计学院，讲师。
2000～2003年就读于郑州大学，获硕士学位。
2003年至今任教于深圳大学艺术设计学院。
李新华
男。1959年出生于河南。深圳大学艺术设计学院，教授，副院长。
1994年毕业于中央工艺美术学院装饰艺术系，获硕士学位。
现任教于深圳大学艺术设计学院动画设计系，从事装饰艺术设计的研究与设计工作。
许慧
女。1977年6月18日生于河南新乡。深圳大学艺术设计学院，讲师。
2000～2003年就读于武汉大学，获硕士学位。
2003年至今任教于深圳大学艺术设计学院环境艺术设计系。
张岩鑫
男。1973年12月3日生于吉林。深圳大学艺术设计学院，副教授。
1998～2001年就读于吉林艺术学院，获硕士学位。
2001年至今任教于深圳大学艺术设计学院环境艺术设计系。

一、课程大纲

（一）课程的目标与要求

1. "别墅设计"是一门集建筑设计、室内设计、景观设计、设备设计课程及施工管理为一体的设计科目，可使学生了解一个设计案例的全过程。

2. 掌握学科的基本概念、基本原理和基本方法，包括国内外企业战略管理的理论与实践的最新发展动态及趋势。全面了解课程的体系、结构、框架以及各内容之间的内在联系，对企业战略管理过程有较好的整体认知。

3. 紧密联系实际，通过实际设计案例的分析与研究，提高学生的思维能力、分析问题和解决问题的能力。

本课程旨在通过别墅设计课程全面系统的讲授，对设计案例分析的体验以及学生的互动交流，使环境艺术设计专业的学生了解一个设计项目的工程全部程序，了解建筑设计、环艺设计、施工管理的全过程。为环境艺术设计的学习打下一个良好的基础。

（二）教学大纲

在整个教学计划中，以实际案例了解建筑设计的全过程，在四年教学计划中仅安排了别墅设计。我们通过别墅设计使学生全面地了解和掌握一个设计案例，包括：别墅建筑的设计风格、别墅建筑设计、别墅室内环境设计及施工管理、别墅庭院景观设计、别墅结构与构造设计和别墅设备设计的全过程。这在全国属于首次尝试。其他同类院校开的别墅设计课程均是以别墅建筑设计、别墅室内设计及别墅景观设计分别开课，还没有包括别墅结构与构造设计和别墅设备设计的内容。

本课程教学编写及网站构建借鉴了国内外同类课程的最新教学方法，及时补充了一些国内外最新的前沿理论，并将其融入本课程的教学和研究成果之中，以开拓学生学术视野，培养学生的思维能力和创新能力。从师资队伍、教学方法、学生评价等方面看，本课程均处于校内先进、广东省同类课程上游水平。

（三）网上教学环境

别墅设计学习网站：http://course.szu.edu.cn/bieshusheji。

别墅设计课程网站：http://jingpin2007.szu.edu.cn/bieshusheji。

（四）课程计划安排

教学内容	各教学环节学时分配			
	总课时	讲授课时	课堂讨论	实践与作业
第一章 别墅设计的风格	4	4	0	0
第二章 别墅建筑设计	13	4	1	8
第三章 别墅结构与构造设计	6	4	0	2
第四章 别墅设备设计	7	4	1	2
第五章 别墅室内设计	13	8	1	4
第六章 别墅景观环境设计	13	8	1	4
第七章 别墅风水	9	4	1	4
第八章 别墅施工组织	7	4	1	2
合计	72	40	6	26

（五）课程作业要求

别墅设计任务书

1. 设计内容及使用面积分配（所有面积均以轴线计）

（1）拟建一栋总建筑面积为300～400平方米的独户住宅。

（2）户内面积要求。起居室：40～50平方米；卧室：主卧室为20～30平方米（含独立卫生间和衣帽间）；次卧室为15～20平方米（若干间），佣人房：10～15平方米；书房：10～15平方米；厨房：7～12平方米；餐厅：10～15平方米；厕所、浴室、洗手间等附属用房；交通联系部分（过厅、走道、楼梯）；其他辅助房间：例如，工作间、健身房、琴房、温室、露台、阳台、游泳池、车库等由设计者自行考虑设计。

2. 设计要求

（1）学习灵活多变的小型居住建筑的设计方法，掌握住宅设计的基本原理，在妥善解决功能问题的基础上，力求方案设计富于个性和时代感；体现现代居住建筑的特点，体现居住文化。

（2）初步了解建筑物与周围环境密切结合的重要性及周围环境对建筑的影响，紧密结合基地环境，处理好建筑与环境的关系。室内、室外相结合。在进行平面布局和体形推敲时，要充分考虑其与附近现有建筑和周围环境之间的关系及所在地区的气候特征。

（3）开阔眼界，初步了解东西方环境观的异同，借鉴其中有益的创作手法，创造出宜人的室外环境。

3. 图纸内容

（1）总平面图（1∶200）。要求：画出准确的屋顶平面并注明层数，注明各建筑出入口的性质和位置；画出室外环境布置（包括道路、广场、绿化、小品等），正确表现建筑环境与道路的交接关系；指北针。

（2）各层平面图（1∶100）。要求：应注明各房间名称；首层平面图应表现局部室外环境，画剖切标志；各层平面均应画室内家具、卫生设备布置，并注明标高，同层中有高差变化时亦须注明。

（3）立面图（1∶100）。要求：不少于两个，至少一个应看到主入口，制图要求区分粗细线来表达建筑立面各部分的关系。

（4）剖面图（1∶100）。要求：应选在具有代表性之处，应注明室内外、各楼地面及檐口标高。

（5）模型。

（6）设计说明。要求：应能准确表达设计构思，包括设计构思说明和技术经济指标（总建筑面积、总用地面积、建筑容积率、绿化率、建筑高度等）。

（六）课程进度安排与考核标准
1. 课程进度安排表

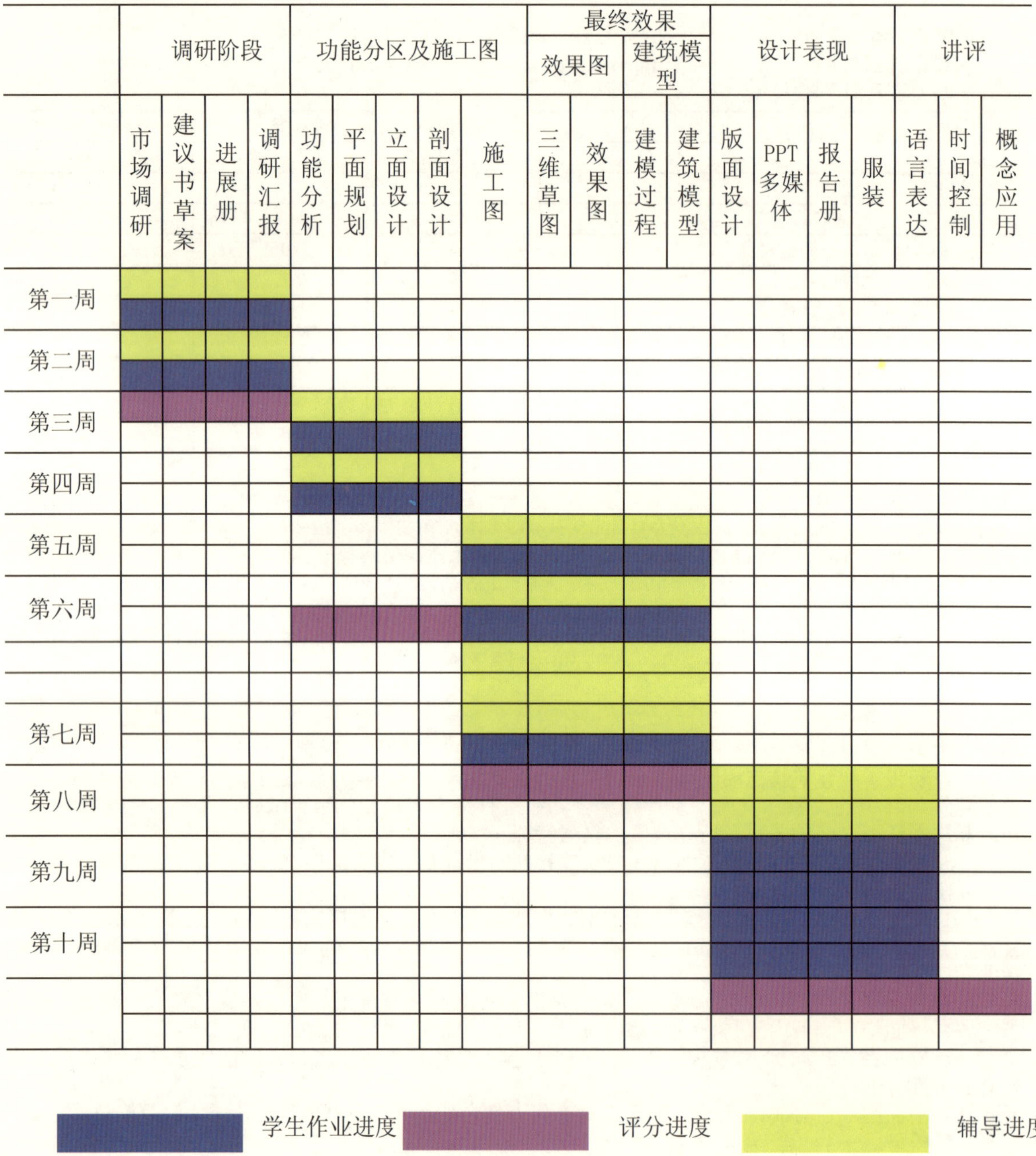

	调研阶段				功能分区及施工图				最终效果				设计表现			讲评		
									效果图		建筑模型							
	市场调研	建议书草案	进展册	调研汇报	功能分析	平面规划	立面设计	剖面设计	施工图	三维草图	效果图	建模过程	建筑模型	版面设计	PPT多媒体	报告册	服装	语言表达	时间控制	概念应用
第一周																				
第二周																				
第三周																				
第四周																				
第五周																				
第六周																				
第七周																				
第八周																				
第九周																				
第十周																				

图例：学生作业进度　评分进度　辅导进度

2）考核标准

			100（占25%）				100（占30%）			100（占20%）		100（占15%）		100（占10%）				
		总分值	调研				施工图			效果图		设计表达		讲评				
组别	小组成员		市场调研	建议书草案	进展册	调研汇报	功能分析	平面规划	施工图	三维草图	效果图	版面设计	报告册	服装	语言表达	时间控制	概念应用	合计
		分值	20	20	10	50	20	20	60	60	40	30	30	40	10	30	20	40
1	组员1	各项得分																
	组员2	各项得分																
	组员3	各项得分																

二、课程阐述

（一）课程的重点、难点及解决办法

重点是别墅室内设计和别墅景观设计。

难点是别墅建筑设计、别墅设备设计和别墅结构与构造设计。

（二）解决方法

通过课堂讲授、案例研讨、研究性学习、利用多媒体教学、设计师与学生现场互动交流等多种方式，激发学生的学习兴趣，强化对理论和方法的理解，鼓励学生不但向教师和书本学习，更要重视向实践学习、重视同学们之间的相互学习。形成一种刻苦钻研理论、师生交流互动，"第一课堂"与"第二课堂"紧密融合的良好学风和氛围。

（三）课程设计的思想、效果以及课程目标

通过对别墅设计各个环节的系统分析，对行为——空间的对应关系的分析，从构思、空间组织、平面布局和风格展现等方面的了解，掌握别墅设计的方法；并且通过大量的实例分析，介绍当今别墅设计的最新进展和建筑潮流的主要方向。课程期间安排一定的设计题目。

（四）实践教学的设计思想与效果（不含实践教学内容的课程不填）

1. 横向联合教学

本课程利用深圳特区的特有条件，与星河房地产开发公司结合及深圳市建筑总院合作设计项目，使学生从中得到锻炼，同时为学院争得了荣誉。引导学生开展自主发现和探究式的学习；近几年来以实际设计案例和国内外的设计为背景选题，先后指导60余名学生在国内的各类大赛上获奖。为学生未来步入社会打下了一个良好的基础。利用师生互动交流系统、邮件等交互平台，开展相互协作式的学习。

2. 结合教学内容，灵活应用不同的教学模式

课程设计从大众教育的实际出发，在原来常规的讲授型教学的基础上，采用案例型、探究型、小组协作型等多种教学模式，穿插使用在不同的教学阶段，利用各种不同媒介可实现"一对一"、"一对多"及"多对多"不同形式的教学，收到了良好的教学效果。

3. 参观实习，市场调查

别墅设计是一门涉略知识面较广的课程，为了使学生在有限的学时里以最短时间了解别墅设计及施工的程序，每次课都带领学生去特色别墅区实地参观考察，去百安居、宜家家居广场、艺展中心调研，加深对环境艺术设计程序及装饰陈设的了解，学生积极参与于，不仅丰富了课堂教学，并且取得了显著的效果。

三、课程作业

2006051001　张伟福
2006051116　陈斌

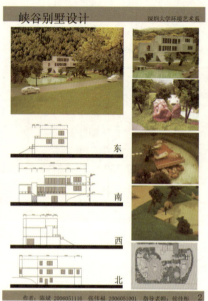

2006051001　张伟福
2006051116　陈斌

2006051032　庄开才
2006051050　徐小宁

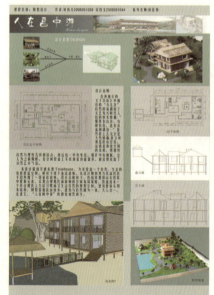

2006051044　姜钧文
2006051036　刘执方

2004051063　易志雄

2006051174　郭聪

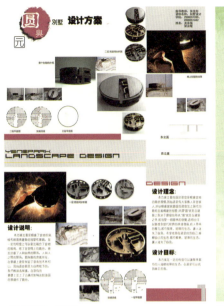

2006051055 关芬猛
20060251042 梁宗敏

2006051183 孙忠水

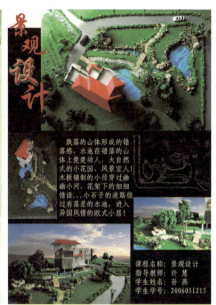

2006051215 孙燕

2006051181 韩治斌

2006051226 陆玉芝

2006051076 冼嘉慧

评语：
　　学生是第一次动手制作模型。在制作的过程中遇到了许多意想不到的问题。艺术设计学院校外实习基地——美尚林模型有限公司也派五位专家来我院光临指导，并在现场亲自示范，指导学生。学院领导也非常支持，将我们购买的配景、配饰、模型车及人物给以报销，大大地激励了同学们的学习积极性。同学们圆满地完成了学习任务，并举办了别墅设计模型展览，受到校内专家的好评。

课程名称：**大尺度综合性建筑——多功能学生中心设计**

主讲教师：**周宇舫**

1965年出生。副教授，建筑学硕士。1984年考入南京工学院（今东南大学）建筑系，1988年毕业获得工学学士学位。1988~1996年在北京市建筑设计研究院工作。1998~2000年在美国伊利诺伊理工学院建筑学院攻读硕士学位，2000年取得建筑学硕士学位，并获得美国建筑师协会(AIA)颁发的学院金奖。毕业后在纽约Sen建筑设计事务所工作两年后回国，在中央美术学院建筑学院任教至今，任建筑设计教研室主任。

何崴

1973年生于北京。讲师，建筑学硕士。1997年毕业于清华大学建筑学院，获得建筑学学士学位。同年9月赴德国留学，后就读于RWTH Aachen（亚琛工业大学）和斯图加特大学建筑与城市规划专业，2002年获得建筑学和城市规划硕士学位。2003年归国，从事建筑、城市、照明、艺术等跨学科研究，现任教于中央美术学院建筑学院，负责城市设计和高年级建筑教学，同时主持数字城市方面的研究，任学院数字空间与虚拟现实实验室主任。

一、课程大纲

"填空"Filling Gap

随着美院附中的迁出，附中原有教学用地划归大学本部，学校南北两个区域的连接更加密切，对于如何利用南北校区之间80米通道的议题变得比以往任何时候都紧迫。同时，2007年底即将完工并投入使用的中央美术学院美术馆也进一步强化了这一通道的重要性。

此外，一直以来中央美术学院都缺少一个能兼顾室内体育活动（比赛）、文艺演出和室内集会的场所，这给学生的学习和生活带来诸多的不便。如何利用这一空地，建成一个能提供给学生进行上述多种活动的场所，是本次课题的核心问题。即：如何填空？

正是基于前两个原因，我们把本次课题的基地选择在中央美术学院南、北两个校区之间的80米通道处。

（一）课题具体要求

1. 建筑主体部分主要功能为多功能大尺度空间，应在满足体育比赛和体育课程的前提下，兼顾文艺演出和集会功能。

2. 主体空间规模为容纳1500~2000人，场地尺寸应能满足2个并置的篮球场（32~34）米×（44~46）米。

3. 你作为中央美术学院的一个成员可以从自身经验出发，自主拟定建筑当中其他的功能，如餐饮、咖啡、健身设施……基于你自己的观察和想象进行设计。

4. 建筑外部空间组织，新建筑如何介入校园的公共空间，并成为南北校区间的纽带。

（二）课程目的

1. 熟悉自主定义建筑功能的过程与方法。
2. 了解并发现大尺度多功能综合性建筑的特点和内在逻辑。
3. 研究并基本掌握多功能建筑的空间和人流组织方式。
4. 了解大跨度建筑的不同结构形式和选型，及其特点。
5. 探讨建筑与周边校园环境相互关系，以及建筑对周边环境的作用。

（三）成果要求
4张A1展板
1：500　总平面图；
　　　　各层平面；
1：200　立面、剖面；
1：50　 局部节点图；
分析图：
设计理念、交通流线；
功能分区、结构形态；
室外效果图；
3D数字模型；
实物模型：
　1：50　 总图模型；
　1：200　单体模型；
电子文件；
展板电子文件。

二、课程阐述

在当代城市建设中，超级尺度的综合体建筑已经成为一种潮流。超级尺度建筑的特点不尽相同，但基本上包括三个方面。其一，功能综合性高，但具有一个或几个作为主要核心的城市功能，其余为衍生出的周边功能；其二，建筑体量较大，结构形式多采用大跨度结构形式，以大屋面覆盖大空间场域的概念取代具有明确限定的使用空间概念；其三，超级尺度建筑对于其周边地区具有开放的界面，并以自己的形态影响和改变周边地区的属性。

我们针对当前学生的接受能力和设计体验，设置了以大尺度建筑为题的四年级建筑设计课程。课程的主旨是引导学生能从以往的建筑类型学习中跳出来，以城市和环境的眼光审视课题本身，思考在完成项目本身必要的内容后，还能附加什么，还能改变什么，还能综合什么……

不确定的题目，要求不确定的教学形式。教师与学生的对话变成了探讨型、批判型的对话，而不是单向的授予，这就使得教学过程具有了相当的实验性。在原本提倡开放式教学的中央美术学院建筑学院的教学思想上，增加实验的不确定性，包括教师组的成员组织，校外建筑师的参与，参与包括授课和评图，以及先进的虚拟现实技术在课程后期的成果表达上的应用。整个课程力图使学生以一种相对平等对话的状态思考自己的发现，并能结合到自己的课程设计中。

课程题目包括学校体育中心、城市轻轨站综合体和近两年的中央美术学院学生活动中心。这类题目的共同点是在有一个相对明确的核心功能的基础上，由学生自己深入具体地点调研和研究其他成功或不成功的实例，归纳出自己要做的功能内容，并综合到自己的设计中，建构一个具有超级尺度属性的综合体。

这里选出的案例是近两年以中央美术学院学生活动中心为题的课程设计，学生们在对自己的学校生活反思后，提出了不同的策划。比较有趣的是，多数学生没有为室内篮球场设置看台。参与评图的建筑师对此很不理解，提出如何观看比赛的问题。学生们的答复是，观看学生比赛，一定要坐在看台上吗？这个对于"一定"的批判性质疑，或许是这个课程的一种探求（周宇舫）。

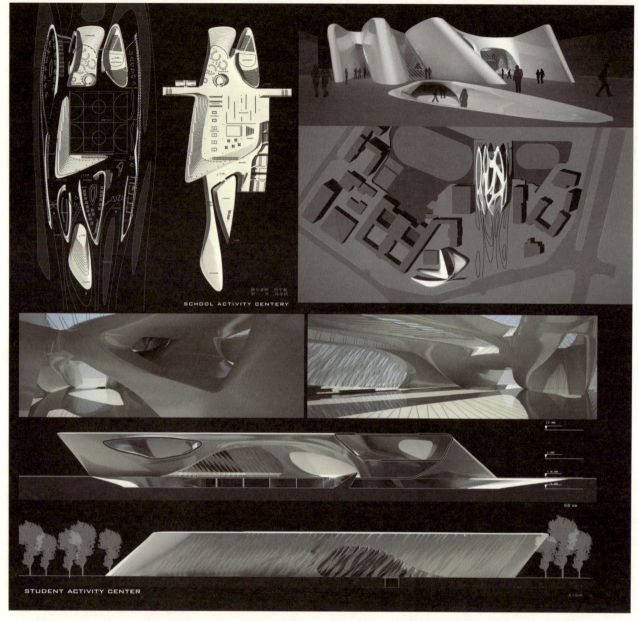

评语：

中央美术学院校园内新落成的美术馆重新定义了校园的建筑感觉，冯金铭的学生活动中心方案设计把握和延展了这种流线形的感觉，并试图通过并置的线性空间将两部分校园衔接起来。具有船体意向的体形，在结构上也借鉴船体结构形成大尺度的腔体空间，在覆盖一个运动空间的同时，利用"腔"空间满足了其他活动场所。整体形态富有想象力，同时在结构上也具有实现的可能，内外在无形中通过"空与面"的转化统一，并与新美术馆造型相呼应。

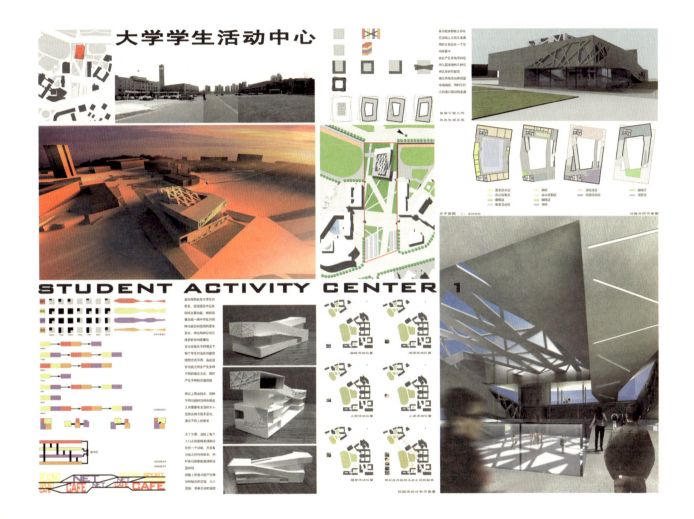

评语：

　　本作业无论是建筑功能逻辑上，还是在造型上都具有鲜明的特点。建筑的主要功能空间——篮球馆被其他不同功能定位的线性辅助空间包围、穿插，通过不同的动线，使用者可以自由地组织自己的交通流线，也因此产生了多种不同的交流机会。该设计思路明确、连贯、完整，平、立、剖面设计较细致，功能思考完善。此外，在结构体系与建筑表皮表现力的关系上处理得较得体，既具有结构的合理性，又达到了造型新颖的要求，是一个相当不错的学生作业。

课程名称： **古典亭榭设计**

主讲教师： **石宏超**
　　　　　　女。1974年7月生，安徽人。中国美术学院环艺系讲师。
　　　　　　2005年东南大学建筑历史与理论硕士毕业，同年于中国美术学院环艺系任教，现东南大学博士在读。

一、课程大纲

（一）课程的目的与要点

本课程的教学目的是：让学生们探讨亭榭这种造园元素在整体景观和园林中的设计意向，学习传统亭榭本身的结构和构造特点。

教学的三个要点可以用三组词汇来进行概括，即：景观—观景、人文—文人、建构—构建。

1. 景观—观景。亭榭具有看与被看的双重特点，既为景观要素又是观景媒介，在教学中引导学生在设计亭榭时，要将其放置在整体的景观环境中综合考量。

2. 人文—文人。亭榭是中国传统古建筑中最具人文色彩的建筑类型，且许多传世名亭都与名人以及他们在亭中所留下的诗词曲赋一起千古流传，文学要素的渗透往往成为亭榭的灵魂。因此，要引导学生在设计中注意对文学要素的挖掘，提高亭榭设计的人文气息。

3. 建构—构建。中国传统木作建筑是非常建构的，其形式与结构是一脉相承、合理而有机的。在教学中对亭榭的结构、构造、形式、功能等各种要素进行解剖，从而使学生们理解这种建构特点。构建，则是要学生们了解亭榭的建造技术，学习中国古建筑不能仅仅停留在理论层面，而要了解真正的建造过程并亲身实践。同时，引导学生关注传统的工艺做法。

（二）课程计划安排

理论授课共分五章，共24课时。

第一章　亭榭概述（2课时），包括亭榭历史沿革、历代著名亭榭分析等。

第二章　亭榭解析（4课时），包括亭榭的分类、应用、造型、尺度、植物配置、环境观等。

第三章　设计总则（2课时），包括亭榭的平面设计、柱网布置、柱高与柱径控制等。

第四章　设计分述（12课时），包括攒尖顶、歇山顶、悬山顶、扇面、盝顶、组合顶等不同屋顶和平面形式亭榭的具体构造和结构方式、设计要点等。

第五章　细部设计（4课时），包括门窗、挂落、斜撑、隔断、栏杆、藻井天花等小木作装修，以及屋脊、柱础等细部设计。

（三）课程作业要求

作业一：古亭测绘

要求对杭州市区的一处传统木亭进行测绘，绘制平面、立面、剖面和细部大样图。

作业上交要求：手绘的测绘草图即可，要求比例、构造准确，线条等级清晰。分数比例：20%。

作业二：亭与景区设计

虚拟一处景点，景点中必须包括亭榭这一建筑要素，并要说明建筑与整个环境立意的关系，如有诗词、楹联、题跋更佳（景点的地形、环境条件、功能均由设计者自定）。

作业上交要求：形式自定，展板、册页、文本均可。分数比例：30%。

作业三：模型制作

3～5人一组，制作一个木亭的模型，可以模仿传统名亭，也可以自己设计木亭的结构和构造。

作业上交要求：采用实木制作，比例为1:20～1:50，必须结构准确、构造设计合理，可根据需要加环境配景。分数比例：50%。

二、课程阐述

中国传统木作体系建筑是世界建筑的瑰宝，是非常建构、有机的建筑体系，目前建筑教育界越来越重视对学生进行中国传统木构建筑知识的传授，让学生了解传统木构的结构方式、构造特色和建造过程，对学生今后的设计工作将大有裨益。我们结合环艺系的特点，选择亭榭这种既简单又具有典型性的传统建筑类型作为设计原型，在三年级开了这门设计课。此课与"中国建筑史"、"民居考察"、"园林考察"、"江浙传统民居设计意匠"等共同构成了中国美术学院环艺系的中国传统建筑课程系列。

亭榭是园林中运用最为广泛的建筑类型，同时亭榭又有着既简单又复杂的矛盾特点，亭榭的平面千变万化、极为自由灵活，而亭榭的屋顶几乎可以涵盖所有古建筑屋顶的类型，因此选择亭榭的设计作为引导学生进行古建筑学习和设计的原型。通过这一课程的教学首先让学生们了解各种平面和屋顶形式的中国古典亭榭的结构和构造特点，如：攒尖顶、歇山顶、悬山顶、盝顶、三角、四方、六角、八角、圆形、扇形、组合形式的亭榭等，从而通过亭榭这一在中国木作建筑中体量轻巧，运用广泛，然而形式、结构丰富的木作建筑类型来了解中国木作建筑的一些基本形制特点，比如：中国古典建筑的两种基本梁架体系——抬梁式和穿斗式的区别和应用范围；南方木作风格和北方木作风格的差异；官式建筑和民间建筑的不同；形成反宇屋面曲线的举折、举架、提栈、挂水等不同的做法等。

通过设计和制作一个木作亭榭，使得学生们掌握中国古典木作建筑的比例尺度规律、构造方式、结构特点、榫卯制作，以及细部构件形制等。

教学特色可总结为四点。

1. 理论授课与设计指导相结合。此课程虽为设计课，但理论授课时间很多，总共36学时，理论授课为24学时。

2. 方案设计与测绘调研相结合。学习传统建筑，测绘是必须具备的基本功。

3. 设计图纸与模型制作相结合。既有个人独立完成的小景观设计，又有团队合作完成的模型制作，多方位训练学生的能力。

4. 学习传统与设计创新相结合。在指导学生做模型时，鼓励学生在运用传统做法的基础上进行大胆的变化和创新，出现了许多有趣的形式。

这个课程让学生们真切地走入了传统木结构的世界，加深了对中国木作建筑体系的了解和热爱！

三、课程作业

| 一层平面图 | 底层平面图 | 模型照片（1） | 模型照片（2） |

| 竹林效果图 | 冬季效果图 | 秋季效果图 | 溶洞内景色 |

评语：

整个景点的设计富有创意，以亭和水面作为主体，配以精心配置的植物、铺地以及丰富的立体空间设计，以表达"一亭一我一日一月一地一天，一始一终；时花时果时晴时雨时阴时晴，生生不息"的设计主题。整个设计在材料、形式、空间等方面都体现了一种现代与传统的碰撞与结合，如黑色磨光花岗石与卵石铺地的对比、现代的旋转楼梯在传统的亭子中的运用等；同时，设计了有水和没水两种情况的景观变化，体现了时间这个变化要素。亭的设计富有创新，但在结构和构造上还不是很合理，需要进一步推敲。设计的表达效果稍微弱了一点。

意境效果图　　　　　　　　屋架仰视效果图　　　　　　　总体布局图　　　　　　　　分析图

模型照片（1）　　　　　　模型照片（2）　　　　　　　屋架俯视图　　　　　　　　屋架仰视图

评语：

　　《海棠亭》整个景点的设计富有传统中国水墨画之韵味，整体以一片开阔的大湖为主体，亭榭楼阁布置其中，整体高低参差，体量大小对比鲜明，周围配以各色植物，可观四季之景。亭子模型以海棠为主体，效仿苏州艺圃门口的海棠亭之形制。内部构架处处体现海棠花的元素，寓意吉祥。

　　不足之处在于：整体意境有待深化，对建筑的布局经营位置的考虑还欠周全。虽然建筑形式丰富，但是互相的呼应关系以及主题的体现需要再深入推敲。

《归亭》意境效果图　　　　模型照片（1）　　　　　　　模型照片（2）　　　　　　模型照片（3）

《牡丹亭》　　　模型照片　　　屋架俯视图　　　内部细部　　　入口细部

评语：
　　《归亭》整个景点的设计富有传统中国韵味，以亭作为主体，衬于大片山水之中。体现作者怀古之幽幽情怀。整个设计在材料、形式、空间等方面都体现了传统的再现。模型做工精致，构架清晰，但模型中的某些构造，如摔网椽等不是很准确。
　　《牡丹亭》整体景点的设计灵感取材于明代大戏曲家汤显祖的著名作品《牡丹亭还魂记》中的人文景观，据文造园，别有情趣。其中牡丹亭模型从整体构架到细部设计都融入牡丹花的元素（如：平面形状、屋架设计、插角、美人靠、铺地等），设计细腻贴切。

三角亭　　　　　　　连廊双亭　　　　　　　重檐六角亭

六角双亭　　　　　　半亭　　　　　　　　　双亭

评语：
　　以上集合其他同学所做的模型，旨在通过这一课程的教学让学生们了解各种平面和屋顶形式的中国古典亭榭的结构和构造特点，如：攒尖顶、歇山顶、悬山顶、盝顶、三角、四方、六角、八角、圆形、扇形、组合形式的亭榭等，以及中国古典建筑的两种基本梁架体系——抬梁式和穿斗式的区别和应用范围；南方木作风格和北方木作风格的差异；官式建筑和民间建筑的不同；形成反宇屋面曲线的举折、举架、提栈、挂水等不同的做法等。

课程名称："竹"——活动建筑装置设计

主讲教师：**赵军**
教授。中国建筑学会建筑师分会建筑美术专业委员会主任，中国ICAD景观设计委员会委员，高级室内建筑设计师，主要从事室内、景观、视觉艺术方面的设计及理论研究工作。
陈晓扬
讲师、一级注册建筑师。主要从事建筑设计和适宜技术方向的研究工作。

一、课程大纲

教学计划
（一）设计内容
在东南大学四牌楼校区或者南京市区内某城市广场上，设计一个开放式的竹结构城市小品，其功能灵活自定，可以是城市雕塑、展示空间、休息亭等。要求结构方便装配和拆卸，作品表现竹的特点并具有艺术展示价值。
（二）设计要点
①参考面积：不大于50平方米。②结构主体：原竹。③建构：符合竹子特点的连接方式，节点设计新颖现代，并方便拆卸。
（三）成果要求
1. A1图2张，包含平面、立面、剖面、节点大样、分析图、表现图。
2. 1∶10或者1∶20的成品模型一个。
3. 1∶1节点模型一个。
（四）时间安排
8周时间，每周8课时，课内总计64课时，其中专题讲课10课时。
（五）教学流程
1. 资料收集以及专题研究（1周）。
2. 初步设计及安吉参观调研（2周）。
3. 方案设计和模型制作（4周）。
4. 选取两个方案进行现场搭建（1周）。

二、课程阐述

教学特色
①中德联合教学：东南大学建筑学院与德国竹建筑专家M.Heinsdorff合作教学。②增设操作环节：在设计过程中穿插节点加工制作和作品搭建的操作环节。③设计结合研究：增设调研和专题研究环节，探讨研究现代竹连接方式。

调研和参观：安吉竹博物馆、加工厂及培育基地

初步方案设计： 快速构思和草模制作。

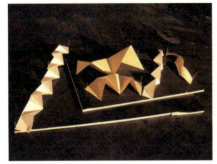

概念设计： 抓住竹的特点，以概念为线索进行空间设计，完成模型和图纸。

节点设计： 竹为主要材料，结合其他连接材料进行节点设计，完成1:1模型。

绑扎　　　　　　　隼卯　　　　　　　螺栓

　　　　　　　　　　　　　　　　　　螺栓

套筒　　　　　　　　　　　　　　　　槽口+钢板

作品搭建： 设计者按方案进行材料测算、采购，并在工人的帮助下，动手搭建作品。

搭建范例一

搭建范例二

课程名称：**拆·解——大师作品解读与建筑形式逻辑认知**

主讲教师：**柏春**

男。1973年出生。讲师。1992～2005年就读于同济大学建筑系，获建筑设计及其理论专业博士学位，现于上海大学美术学院建筑系任教，主要研究方向为建筑设计基础教学、城市设计、城市社区规划与重建。已出版专著1部，发表论文10余篇。

李玲

女。1975年出生。讲师。1999～2002年就读于哈尔滨工业大学建筑城规学院（原哈尔滨建筑大学），获建筑学硕士学位，现于上海大学美术学院建筑系任教，主要研究方向为建筑设计基础教学、城市设计、环境——行为关系研究。

其他授课教师：**项浚、陈皞、魏秦、林磊、宾慧中、毛坚韧、卓旻**

一、课程大纲

（一）课程的目的与要求

本课程要求学生分组协作完成，每个小组3～4人，选择一位著名建筑师的中小型建筑作品为研究对象。首先，学生应依据收集到的相关图纸及资料，"读懂"所研究建筑的空间形态特征，能够通过图纸或模型"再现"建筑；其次，在教师的指导下，深入分析所研究建筑的设计特点，"挖掘"其内在的形式构成逻辑，并选择一个或几个形式构成逻辑，据此制作可拆解的实体模型，同时模型的拆解方式和状态应能很好地切合、说明该建筑空间形态构成的形式逻辑。

本课程的教学目的主要有以下几点。

1. 提高学生阅读、理解建筑图纸的能力以及相应的空间想象力。
2. 使学生对建筑形式逻辑有初步的了解，并能据此对建筑进行有目的的解读。
3. 培养学生的建筑整体观以及建筑理性思维能力。
4. 训练学生的模型制作能力以及掌握基本的图解分析方法。

（二）课程计划安排

本课程共分6周完成，具体教学计划安排如下。

1. 第一周，学生分组并选择将要分析的大师作品，教师确认。通过收集相关资料（特别是图纸资料）、小组讨论以及与教师交流，全方位了解建筑师以及作品的基本背景情况。
2. 第二周，教师结合实例讲解分析、解读建筑作品的基本方法。重点是关于建筑理性分析思维、建筑形式逻辑的介绍，学生课后阅读相关的书籍资料。
3. 第三周，学生利用草图以及工作模型深入分析大师作品。首先，应掌握建筑的空间、形态的具体情况，能够准确、完整地绘制出该建筑的平面、立面、剖面图；其次，在教师的指导下，根据具体建筑的设计特点，选择合适的分析角度，对作品的建筑形式构成逻辑进行深入分析。这些供分析的形式构成逻辑包括：结构技术逻辑、功能使用逻辑、交通流线逻辑、形态构成逻辑、空间体系逻辑、环境基地逻辑、材料建构逻辑等。
4. 第四周，学生依据所分析作品的特点，选择最为合适的一个或两个建筑形式构成逻辑，据此制作可拆解的实体模型。
5. 第五周，模型成果讲评。学生拍照记录模型的拆解过程与状态；教师讲解相关的图解分析方法；学生绘制成果图纸。
6. 第六周，学生分小组汇报成果，教师点评。

（三）课程作业内容

本课程作业的成果内容包括以下几个部分。

1. 可依据一定形式逻辑进行拆解的实体模型，为突现本作业研究的重点，模型要求用单一材料制作。
2. 所研究建筑的规范表达图纸一套（包括平、立、剖面，总平面），绘制在A1图纸上。
3. 依据一定的形式构成逻辑对所研究建筑进行解读，要求必须利用到前面的可拆解模型，可借助照片、图解等手段记录分析的过程与结论，成果最后组织在A1图纸中。
　　4. 反映课程作业全部内容以及分析过程和结论的汇报ppt文件。
　　（四）考核标准
　　本课程对学生作业的考核标准以及分值分布情况如下。
　　1. 图纸绘制规范、准确，能够正确描述所研究建筑的空间形态，同时建筑图例、图线、图样运用得当（30%）。
　　2. 图纸内容组织逻辑性强，版面设计有新意，表现有力、充分（10%）。
　　3. 能够依据所研究建筑的特点，准确分析建筑的内在形式构成逻辑（10%）。
　　4. 模型的拆解方式和状态能够很好地切合并说明所依据的形式构成逻辑（20%）。
　　5. 模型制作准确、精良、巧妙（20%）。
　　6. 能够综合利用图解、照片、文字等手段，清晰表达对所研究建筑的解读过程与分析结论（10%）。

二、课程阐述

　　建筑形式逻辑是指建筑的空间形态与其自身结构、外在形式、物理功能及基地环境等因素之间的逻辑关系，是20世纪初以来的现代主义建筑思潮所追求和极力提倡的。这一观点使得我们对于建筑以及建筑设计的认知进入了理性"可分析"的阶段，而学生建筑形式逻辑认知能力的培养，是现代建筑教育不能回避的核心问题。

　　运用一定的方法，对著名建筑师的经典作品进行深入分析，了解设计者的建筑思想、理论，研究其思维方法和设计语言，是初学者学习建筑设计的一个很好途径。"拆•解——大师作品解读与建筑形式逻辑认知"课程是我校建筑设计初步教学的综合性骨干课程，利用模型以及图解手段，再现、解析建筑经典作品，不仅能够进一步提高学生阅读、理解建筑图纸的能力、建筑空间想象力，同时由于这些经典作品往往是彰显建筑形式构成逻辑的最佳范本，学生的分析研究也是认知、理解建筑形式逻辑语言的过程，并最终有助于学生理性分析思维能力以及建筑整体观的培养。对于教师来讲，通过此课程，以建筑形式逻辑分析为纲，可以将纷杂的建筑设计知识要点以及相关思维方法初步传授给学生，实现建筑设计初步教学的根本目的。

　　本课程教学的核心是"模型拆解"训练，强调的是利用实体模型对建筑进行"拆"与"解"两个分析研究过程。学生如果想实现教师要求的拆解效果，必须对该建筑的空间形态构成有深入的理解，并对其背后蕴藏的一种或几种建筑形式构成逻辑清楚的认知。

　　"拆"是要求学生能够按照教师给定的原则，对自己制作的模型实现"体系分拆"，"拆"的方式、层级尺度，构成要素的"暴露"程度，应根据所研究作品的某一形式逻辑特点而定。在这一过程中，学生不仅可以锻炼空间想象能力，还可以对建筑某一层面逻辑体系的构成要素有直观的认识，了解各种空间、形态要素的状态与特征。事实上，这种"拆开分析"的思想，正是现代主义与传统学院派在建筑教育思维上的不同所在。

　　了解建筑的基本构成元素仅仅是训练的第一步，作为一项复杂的创造性活动，空间的具体设计很大程度上取决于对这些基本元素的组合与运用能力。而"解"这里理解为，要求学生能够将"分拆"的各层次要素联系在一起整体看待，即掌握各类要素组织构成的逻辑关系，也即形式自在生成的内在逻辑轨迹。如果我们将建筑设计看作一种语言体系，拆开的要素是字和词，而"解"就是分析、学习将词语组织在一起的语法关系。

　　在具体课程教学中，针对低年级学生的特点，相对弱化理论讲解，以及超越学生能力的图解方法介绍，而是强调学生的亲自动手和直观体验，以及小组内外的交流、讨论，这大大提高了学生参与课程的热情，几年下来取得了不错的教学效果。

　　正如有的学者所认为的"形式才是我们建筑师的语言"，而一个好的建筑形式，通常是由不同的好的逻辑形成的。建筑设计这种行为，一方面包含着具有创造性的思维，另一方面也必定包含着极富逻辑性的分析，两者都对形式创造有着重要作用。学生在专业学习的初始阶段，能够通过带有一定趣味性的大师作品"模型拆解"训练，认识到建筑形式逻辑对于建筑创作的重要意义，并初步了解建筑语言的组织逻辑特性，必将为其今后的专业学习和设计实践奠定良好的基础。

三、课程作业

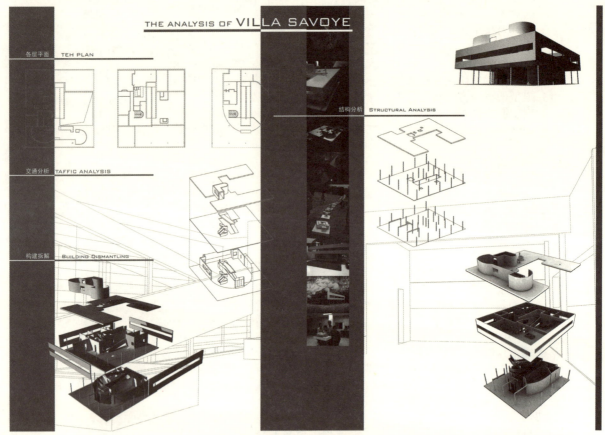

萨伏伊别墅(勒·柯布西耶)建筑解析　　07级建筑学　滕腾

评语：
　　对所研究作品的建筑形式构成逻辑分析准确、深入，模型的拆解方式和状态能够很好地切合并说明所依据的形式构成逻辑，图纸构图完整，表达有新意，模型制作准确、精良。

上海大学美术学院建筑系

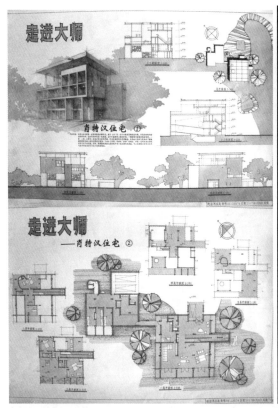

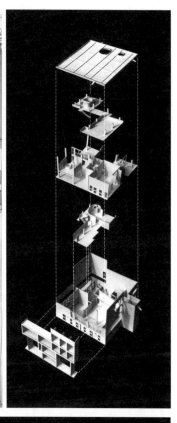

评语：

　　图纸绘制规范、准确，能够正确描述所研究建筑的空间形态，建筑图例、图线、图样运用得当，模型的拆解方式和状态能够很好地切合并说明所依据的形式构成逻辑。

卡朋特视觉艺术中心（勒·柯布西耶）建筑解析　　06级建筑学　李佳亮　赵雪莲　叶燕雯

评语：

　　图纸内容组织逻辑性强，版面设计有新意，表现有力、充分，能够综合利用图解、照片、文字等手段，清晰表达对所研究建筑的解读过程与分析逻辑，模型制作准确、精良、巧妙。

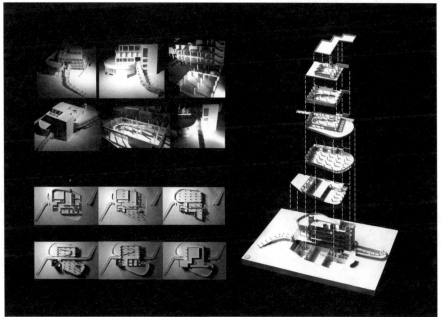

肖特汉别墅（勒·柯布西耶）建筑解析　06级建筑学　苏圣亮　朱煜霖　林虎

课程名称：**毕业设计教学创新探索——历史建筑保护与再利用设计研究**

主讲教师：**左琰**

> 副教授、博士、硕士生导师，担任《室内设计与装修》杂志专栏主持多年，中国室内设计学会常务理事。1991年获同济大学建筑系室内设计专业学士学位。1998年获同济大学建筑设计与理论硕士学位。2005年获同济大学建筑历史及其理论博士学位。长期从事室内设计的教学和工程实践工作，发表学术文章40多篇。2002～2004年受德国DAAD资助留学德国，著有《德国柏林工业建筑遗产的保护与再生》。近五年的主要研究方向为历史建筑保护和再生设计及西方室内设计史研究，开设"旧建筑再生设计策略"的本科生专业选修课及"西方百年室内设计1850～1950"的硕士生设计历史课。

一、课程大纲

（一）课程目标与要求

毕业设计是学生在校的最后专业训练课程，要求学生综合运用以往所学知识和技能并针对性地补充和学习实际项目所涉及的有关政策法规和技术规范，了解项目设计的过程和要求。本课程教学目标是紧扣社会热点话题，围绕城市更新中历史建筑的保护与利用来展开教学研究。学生通过毕业课题的学习和训练，了解和掌握项目设计的基本运作，并对近代优秀建筑的保护原则、现行政策法规以及老建筑修缮和改造技术等有较为深入的了解和认识，树立对建筑乃至城市的可持续价值观，有利于今后参与同类项目实践，提高专业设计素养和实战水平。

（二）作业内容

每年毕业设计课题都因实际项目而有所不同，因此具体的设计要求也相应有所调整，下面以2009年毕业设计课题为例加以说明。

课题名称为"复旦大学子彬院保护性改造设计"，建于1925年的子彬院为上海市第四批优秀历史建筑，3层砖木混合结构，建筑面积为2145.6平方米，外观为典雅的古典主义复兴，南面椭圆形门廊设有四根爱尔尼克柱式，该楼最初用作复旦心理学教学楼，后曾用作数学系楼、全校行政管理楼等。现希望通过保护和合理改造，变身为复旦校长行政办公楼。设计内容和要求如下。

1.以复旦大学校史和复旦历史建筑风貌区为入手点，对子彬院地块环境进行踏勘和分析，对建筑历史、形制、风格、使用状况及周边环境作进一步现场调查和资料查证，并参考国内外相关实例的成功经验，完成调研报告。

2.根据《上海市优秀历史建筑保护条例》及《优秀历史建筑修缮技术规程》等有关政策规定，结合建筑质量综合评估报告和未来使用要求，提出对子彬院的总体改造目标和策略，包括：

（1）子彬院总体平面布局。　　　　　　　　（2）子彬院主体建筑修缮和室内设计。
（3）子彬院新扩建部分的建筑改造和室内设计。（4）子彬院内院改造设计。

3.以本课题为例，挖掘和整理校园老建筑的历史人文价值和教育意义，探索如何通过改造使新旧结合，重新彰显出它们的历史风采。

思南路别墅区改造项目甲方负责人卢永锋先生为学生讲解外墙修复材料　　2008年带领毕业设计学生参观上海红坊改造项目，红坊项目负责人邓刚在现场讲解　　2008年带领毕业设计学生参观华山路别墅毕业设计课题现场　　2009年带领毕业设计学生参观考察上海青年会宾馆改造现场

（三）计划安排

毕业设计进度安排表

阶段	周	具体工作	讲座、参观	提交成果
前期准备	1 2	前期调研、复核图纸，查询相关资料信息	参观基地，去档案馆调研	交流调查成果
方案阶段	3 4	总体改造方案	讲座1 参观改造实例	汇报总体方案概念和策略
方案阶段	5 6 7	总体方案深入 室内布局	讲座2 参观基地	
	8	方案调整、绘制中期检查图	讲座3	
中期检查	9	中期检查		交中期检查图
深化阶段	10 11	方案调整、室内设计	讲座4	
深化阶段	12 13 14	深化设计		
	15 16	绘制正图		交正图
答辩阶段	17	毕业答辩		资料归档

二、课程阐述

课程内容与教法的创新与特色

毕业设计阶段是学生从学校进入社会或继续深造前一个重要的过渡期，因此选择合适的毕业设计课题以及深入现场的教学方法是把握这门课程的两个关键要素，也是我多年毕业设计教学实践的特色所在。

（一）创新特色一：教学和科研相结合解决毕业设计选题

毕业设计选题常常困扰着毕业设计的指导老师，选题的好坏将直接影响教学效果。

自2004年开始我将每年的毕业设计选题与我研究方向相一致，关注城市快速发展和更新中历史建筑保护与再生话题，这与同济所处的上海城市发展背景、社会环境以及我的工程实践紧密联系起来。2001年我参与了同济大学历史建筑一·二九礼堂改造及上海外滩9号轮船招商局大楼的修复与改造项目，2002~2004年又去德国继续研究这方面的课题，积累了实践和理论的宝贵经验。外滩9号改造是第一个被转为毕业设计课题的工程，无论是其历史价值、建筑规模、区位远近还是设计时间都非常符合教学要求。2004~2009年历年毕业设计选题都采用真题假做的方式，确保课题的时效性和挑战性，以下是入选的基本原则。

1. 教学的介入必须在项目开工前，这样学生能了解基地现状的真实情况。
2. 选择历史价值深厚或有突破性利用的老建筑为课题对象，优秀保护建筑优先考虑。
3. 建筑及其环境规模宜小巧适中，以便学生能集中精力深化设计。
4. 考虑到调研可达性及教学经费开支，原则上以上海本地项目为主。

（二）创新特色二：深入现场的教学方法

在项目开工前或开工早期是开展毕业设计教学的最好时机，这样学生可以针对建筑的基本资料和质量检测报告，到现场了解许多真实的建筑现状以及施工所面临的具体情况，并且联系甲方代表、设计方、工程技术负责人或项目经理等在现场或其他同类项目带领参观和技术讲解，使学生学习兴趣提高、印象深刻，对他们日后快速适应工作岗位需求有着积极的推进作用。

通过以上谨慎的选题和现场的指导，使学生在城市文化遗产和建筑保护利用等方面逐步建立起批判性视野，启发他们去思考新旧对话与共生问题。通过产学研的互动，不断完善出一个将历史建筑保护与室内设计相结合的教学新模式。

三、课程作业

课题名称: 上海卢湾区思南路花园住宅保护性再利用设计 （2005）
学生姓名: 林易

基地概况：卢湾区思南路花园别墅区"义品村"建于1921年，为比利时义品地产公司开发兴建，其周边地区住宅多为联排新式里弄。从居住档次来看，这些独立式花园住宅大体上有两种户型：思南路51~73号、思南路87~95号为一种户型，而思南路75~85号为另一种户型。由于历史原因和长期缺乏修缮管理，房屋内外破坏严重，存在随意搭建、分隔杂乱、空间严重超载、居住水平低下的现状，原有的绿地与庭院空间缺乏整治。

课题特点：是上海20世纪20~30年代西方独立式花园住宅兴起时较早、较典型的例子，这些住宅单体在规模和档次上并非上海最大、最考究的，但作为群体所形成的环境以及花园所形成的共享绿化空间在近代上海是极为独特和稀有的。

任务要求：对"义品村"花园住宅区所在地块提出整体保护性开发和改造规划，对55号或69号两栋独立式洋房及花园提出深入的建筑改造和室内设计方案，通过引入新的保护机制和使用功能，提升建筑和社区的品质。

获奖情况：2005中国环艺设计学年奖银奖。

综合点评：该生较好地把握设计重点，在对历史建筑的现状和基地作了详细研究后确定了保护和再利用的方向和措施。设计思路清晰，设计方法得体，在解决新老建筑用途矛盾时沉着冷静，对老建筑的空间灵活性、新增物的环境破坏性以及可持续利用方面进行了较为深入的探讨和剖析，这在建筑学毕业生的知识结构和设计意识中尤为难能可贵。

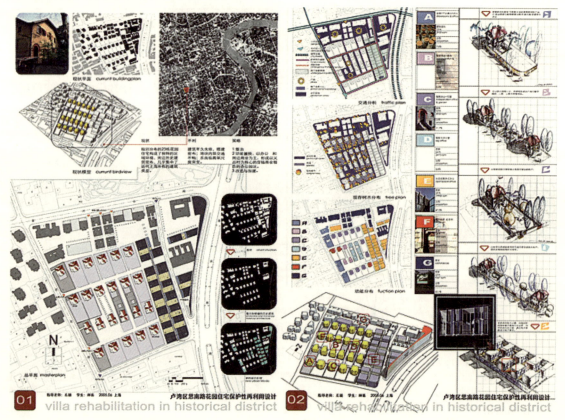

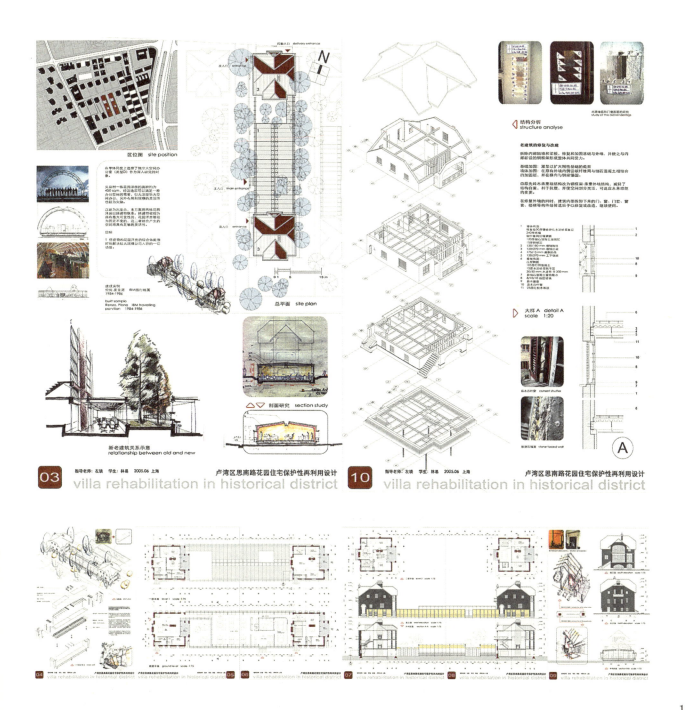

课题名称：上海华山路831号花园住宅保护性再利用设计 （ 2008 ）
学生姓名：倪正心

基地概况：上海华山路831号花园住宅位于上海华山路武康路转角处，约建于1931年，建筑面积约为900平方米，为孙多森家族后裔建造，由巴马丹拿建筑公司设计。房屋为砖混结构，典型的西班牙风格，为上海市第四批历史保护建筑。该房屋解放后被多户人家分隔使用，常年缺乏维修管理，现被某非赢利机构租用作为办公楼。

课题特点：课题涉及历史建筑再生的新功能选择以及老洋房花园改造等旧建筑改造中的难点问题。

任务要求：对该花园住宅进行保护性修缮与内部结构调整，引入合适的新功能，将之改造成办公用房，内容包括新功能选择、建筑保护与改造总体规划、室内重点部位设计以及花园改造设计。

获奖情况：2008中国环艺设计学年奖金奖。

综合点评：该生的设计概念基于对现有场地和建筑的深入剖析，新功能的挑选契合了原有建筑的西班牙风格，改造以结构技术为支撑，大胆拓展地下空间，使老洋房和花园在地下层面得以连通，形成一个较完整而多维的空间组织关系和视觉景观网络。整个方案以一种开放思辨的姿态来平衡新老关系，在尊重历史的同时也强调现代办公环境的空间体验，具有较强的探索性和挑战性。

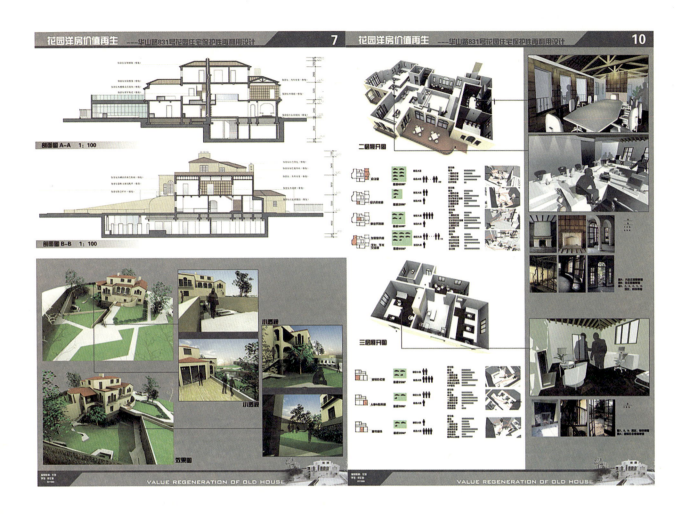

课程名称：**历史建筑测绘**

主讲教师：**宾慧中**

女。1974年出生。上海大学美术学院建筑系副教授，博士。2001年9月～2006年6月就读于同济大学建筑城规学院建筑系，获建筑历史与理论博士学位。2005年11月～2006年10月由国家教委公派赴加拿大英属哥伦比亚大学建筑与景观学院，做博士后访问学者。2007年1月至今在上海大学任教。已出版专著1部，发表论文10余篇，在研2项省部级科研项目。

一、课程大纲

（一）课程目的与要求

1. 了解历史建筑测绘的全过程，掌握测绘的主要方法及理论要点。
2. 了解测绘建筑的类型、性质、相关历史，以及建筑空间组合、构架结构等特征。
3. 掌握测绘工具的正确使用方法。
4. 正确处理所得测绘数据。
5. 正确绘制历史建筑的测绘CAD图，并用CAD、SkechUp、3DMax等软件辅助建模，对整体木构架及节点构造进行详细大样分析。

（二）课程计划安排

历史建筑测绘课程共3周6学分。

1. 出发前讲课。详细讲解古建测绘基本原理，测绘目的与要求，正确的测绘步骤、工作方法与技巧，进度安排和测绘成果要求，布置测绘任务、安排学生分组。
2. 实地初步调查。到测绘地点，向当地专家或有关人员了解、调查测绘对象的历史背景、使用现状，熟悉测绘环境，以组为单位安排详细工作计划。
3. 现场实测。考察测绘对象的周边环境、空间组织、结构材料、细部特征，现场徒手勾画草图，经过实测取得完整精确的数据。晚上回住地以组为单位核对尺寸，整理当天草图，初步绘制测绘正图。务必使个人测得的平、立、剖面图及局部大样图尺寸与全组人员所测尺寸一致，核对当日测绘数据无误。必要时第二天到现场补测遗漏尺寸。以组为单位作好当天工作总结，进行工作交流汇报，并作好第二天的工作计划。
4. 回学校绘制正图、写测绘报告。在专业教室整理测绘数据，用电脑细化正图，要求测绘图内容完整、尺寸准确，布图及配景具有良好的表现力。认真完成测绘考察报告。

（三）课程作业内容

根据测绘课题，对选定建筑进行考察调研和测量，各组成员须各自完成一定工作量，并与组员协同工作，在教师的指导下完成所测建筑的整套图纸，具体如下。

1. CAD测绘图包括：各层平面图、屋顶平面图、总平面图、2～4个立面图、纵剖面图、横剖面图、构架节点大样图、门窗大样图、装饰纹样详图等。
2. 建筑模型分析图：用CAD、SkechUp、3Dmax等软件辅助建模，对整体构架及节点构造大样进行建模分析，并绘制院落整体鸟瞰。
3. 测绘成果：将测绘成果制作成图，每组9～15张1号图（人均3～5张1号图）。
4. 测绘考察报告：3000字以上，内容包括测绘建筑的历史背景、总体布局、结构、材料、使用情况、形式特点、空间组织和细部构造处理等。调查报告应根据某一论点展开论述，要求观点正确，论据充分，材料丰富。
5. 测绘电子文档收集：包括CAD图、模型图、JPG与PSD成图，以及现场拍摄照片等。
6. 测绘草图资料收集：以院落及测绘时间为顺序，检查标注好测绘草图中的内容名称、测绘人及测绘时间等，将测绘草图有序整理，存档收录。

（四）考核标准

1. CAD测绘图准确无误（40%）。
2. 建模详细完善，模型图线型清晰，无错漏（25%）。
3. 9~15张1号图排版中加入图名标题、配景植物，并渲色表现，构图美观（10%）。
4. 测绘考察报告观点正确，论据充分，材料丰富，能清晰论述说明问题（10%）。
5. 测绘电子文档收集完善，测绘草图资料整理有序、清晰、完整（5%）。
6. 测绘实习态度端正，工作积极勤奋，具有团队精神，小组成员协同工作完成整套测绘图纸，达到测绘大纲中规定的全部要求（10%）。

二、课程阐述

（一）建筑历史课程教学的后续深化

历史建筑测绘课程是在学习中外建筑史之后的测绘实习教学。在基本掌握中国古代、近代建筑体系总体特征及结构构造的基础上，安排历史建筑测绘课程实践，增加学生对中国传统建筑的感性认识。通过实地考察、现场勾勒草图、构件构架测量、绘制正式测绘图等一系列专业训练，使学生完成对历史建筑从书本知识到实体建构认知的转化，有助于学生进一步了解中国传统建筑的建构技术，并有效提高学生对中国建筑史的学习兴趣。

（二）多学科交叉的综合训练

本课程在三年级暑期进行，为期3周。学生们在测绘课程中，必须调动以前的相关课程知识储备和个人专业素养，才能较好地完成测绘任务。因此，历史建筑测绘课程是一次多学科课程交叉的综合训练——美术基础、建筑初步、建筑形态设计基础、中外建筑史、建筑CAD、景观设计原理、城市规划原理等课程内容，都与本课程有着密切关联，这些相关课程学习影响学生在测绘过程中的能力表现，而测绘实习又是学生对相关课程知识信息的大反馈，也是学生手、眼、脑全面配合的实际动手能力和电脑绘图能力的一次良好锻炼。

（三）研究与思维能力的培养

历史建筑测绘过程中常有建筑局部损毁、木构架歪斜塌陷、原有历史风貌破坏等现象，测绘小组成员在了解历史建筑空间形态、结构构造、装饰艺术的基础上，与老师现场勘测探讨，在调查资料积累充分可信的基础上，可对测绘对象进行较为科学的复原研究工作；同时可对历史建筑进行大致断代、保护等级分类、居民生活状况调查等工作，这些工作将有助于锻炼学生的研究思考能力。

（四）建筑设计能力的培养

测绘过程中对历史建筑的认识是由浅及深、由表象到本质的过程。在熟悉了建筑的空间组合、木结构构架特征、装饰元素风貌之后，学生会对类似历史建筑地域特征有一个初步认识。通过分析村落空间的路网水系架构、群体建筑庭院空间的组合模式、主体建筑木构架节点构造，从而学习古人对村落及群体建筑的建构思想和设计手法，学习古代匠师对木构架结构构造的细节处理技术。这些感性认知、经验积累、理性分析等，均会对学生建筑设计能力的提高及思路的开拓产生非常有益的帮助。

（五）团队合作精神的提升

测绘小组以3人一组为宜，分工合作，协同完成，团队合作精神非常重要，每个人都要有多做事多吃苦的精神。不论现场测绘还是返校画图，3人在时间和工作量计划安排上都要配合默契，还要和整个团队有很好的沟通合作，才能全面完成全部测绘工作任务。

（六）成果展示激励机制

历史建筑测绘课程结束之后，开展学院内或兄弟院校间的测绘交流展，为教师、学生提供一个测绘经验交流的平台。带队老师介绍不同测绘地的历史建筑特征风貌及测绘经验，不同团队的学生汇报测绘成果及体会，并进行优秀测绘成果展，邀请专家点评指导。这样的成果交流展既有助于提高历史建筑测绘课程教学质量，又能激发学生的学习热情。

三、课程作业

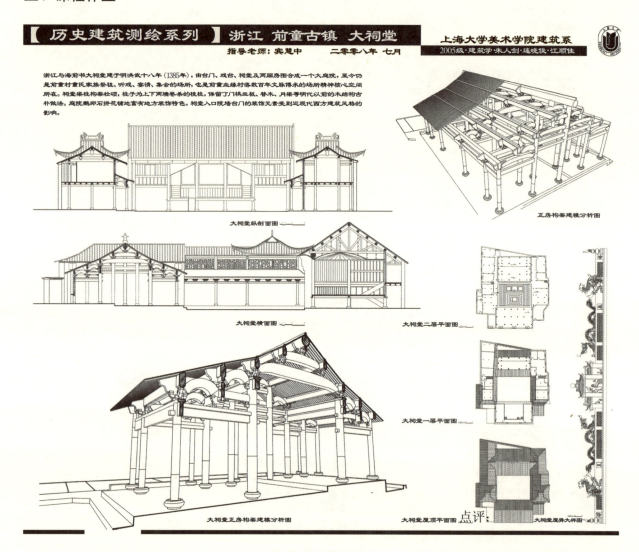

历史建筑测绘课程　　　　建筑学05级　朱人剑　连晓俊　江顺佳

评语：

　　浙江宁海前童镇大祠堂测绘小组较为精确地完成了从测绘数据获取、现场草图绘制到电脑CAD绘图、SkechUp建模构架分析等系列测绘制图工作。测绘图纸以平立面图、院落纵横剖面图、斗栱大样图、构架模型分析图等深入表达了大祠堂的木构架结构特征。同时也详细测绘了大祠堂厢房亭阁构架、庭院拼花铺地、屋脊砖雕泥塑装饰纹样等，对传统建筑测绘技术方法有了较为全面的掌握。

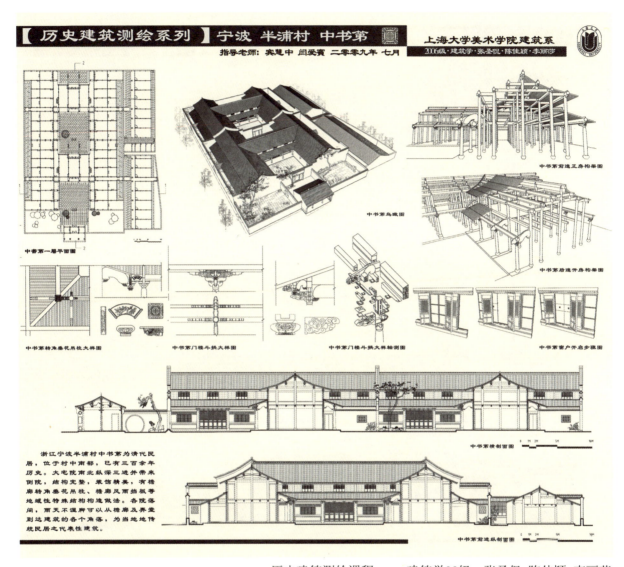

历史建筑测绘课程　　建筑学06级　张圣侃　陈佳颖　李丽莎

评语：

浙江宁波半浦村中书第测绘小组较为精确地完成了从测绘数据获取、现场草图绘制到电脑CAD绘图、SkechUp建模构架分析等系列测绘制图工作。三位同学通过协同工作，深入了解了清代大宅院中书第的历史文脉，及其多进院落空间组合模式、木构架结构特征、装饰艺术特征等，对传统建筑测绘的全过程作了很好地训练。

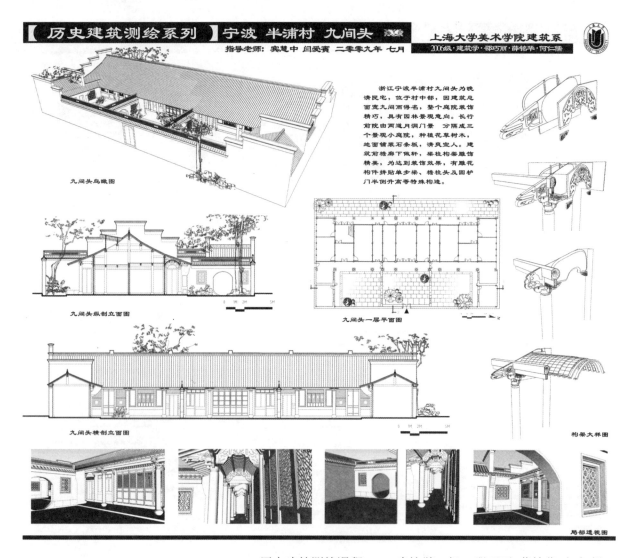

历史建筑测绘课程　　建筑学06级　邵巧丽　薛铭华　何仁儒

评语：

浙江宁波半浦村九间头测绘小组较好地完成了从测绘数据获取、现场草图绘制到电脑CAD绘图、SkechUp建模构架分析等系列测绘制图工作。测绘图纸较为精准地表现了九间头的梁柱构架结构、门窗构件雕饰，以及前檐廊轩及柱头、单步梁的特殊组合构造等，学生对古民居结构构造有了较为深入的了解。

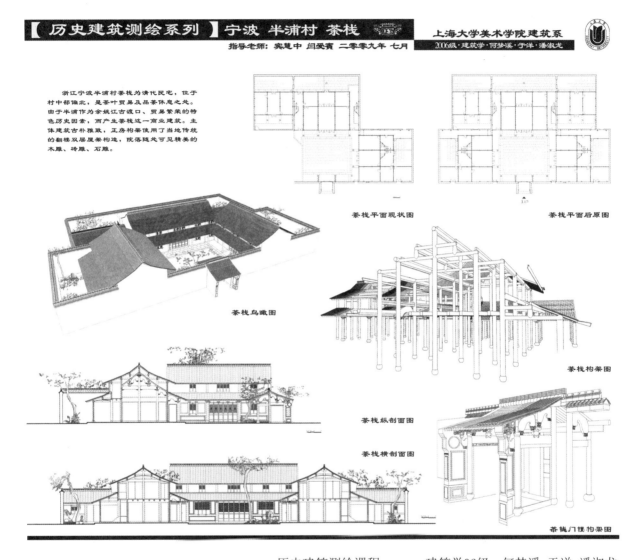

历史建筑测绘课程　　　建筑学06级　何梦溪　于洋　潘淑龙

评语：
　　浙江宁波半浦村茶栈测绘小组较为精确地完成了从测绘数据获取、现场草图绘制到电脑CAD绘图、SkechUp建模构架分析等系列测绘制图工作。由于茶栈西厢房已毁，测绘小组在和老师现场勘测探讨的基础上，较为科学地复原了整体院落平面，在了解古民居空间形态、结构构造、装饰艺术的基础上进一步学习了相关传统建筑的复原研究工作。

课程名称： **江南民居测绘**

主讲教师： **邵健**
男。1968年出生浙江。中国美术学院建筑艺术学院副院长，副教授。
1992年7月毕业于中国美术学院环境艺术系，获文学学士学位。
1992年至今在中国美术学院环境艺术系任教。
吴晓淇
男。1962年出生于浙江省杭州市。中国美术学院建筑艺术学院副院长，教授。
1999年毕业于中国美术学院环境艺术系获硕士学位。1995年至今在中国美术学院环境艺术系任教。
孙科峰
男。1977年生于浙江。中国美术学院环境艺术系讲师，博士。
1996～2001年就读于浙江大学建筑系，获建筑学学士学位。2001～2004年就读于浙江大学建筑系，获建筑学硕士学位。2005～2009年就读于中国美术学院建筑艺术学院，获文学博士学位。
2004年至今在中国美术学院环境艺术系任教。

一、课程大纲

（一）课程目的与要求

该课程是一门考察实践课程，通过理论授课及对中国江南传统民居进行实地考察及测绘，了解江南传统民居或者村落的聚落结构、形态变迁等历史人文知识，强化对民居建筑布局、构造等细节的实体感受，在加深对江南传统民居这一传统文化的认识的同时，为今后的设计实践带来新的发展思路，同时也是对江南特别是浙江地区的传统民居遗产进行普查和梳理，为关于江南传统民居的学术研究积累丰富的一手资料。

（二）课程计划安排

1. 基础知识讲述（10课时）

对江南民居的基本了解。

对中国古代建筑（特别是明清时期）营造方式的基本了解。

2. 现场实践（40课时）

（1）整体意向感知。通过实地感知，体会传统民居及村落中独特的建筑风格，空间形态。体会描述江南民居的一些关键词——"水、桥、房"的空间格局，"小桥、流水、人家"等所蕴含的真实意境。进而感悟中国传统建筑的精华传承。

（2）资料收集及调研访谈。在着手分析与测绘之前，应对考察对象的背景资料有一个完整的了解，例如村落格局历史变迁，单体建筑名称，使用者，历次的增修、改建或重建情况等。这些信息将成为测绘报告的主要组成部分，主要通过资料收集以及与当地原住民的访谈中获得。

3. 总体分析

对考察对象所形成的聚落进行的总体分析，主要包括对聚落结构、道路系统、水系、聚落节点、人文生活等方面进行系统的分析。

4. 个案测绘

在整体调查后，就进入更深层次的考察阶段——测绘，测绘对象可以是历史价值比较高、保留相对完整的民居建筑单体，也可以是传统历史街道的沿街立面，亦或是对村落中一些传统特色元素的测量，如河埠码头、古桥、传统道路铺装等。

（三）课程作业内容

1. 个人现场考察内容汇总

摄影照片、写生、现场分析及测绘草图。

2. 分组考察成果

村落总体分析——文字描述、结构分析、水系分析、道路分析、聚落节点分析。

测绘报告——建筑名称、地点、创建年代与背景、建造者/建筑师、创建时的基本状况、现状描述、历代历次的增修或改建或重建情况、相关的历史事件与人物、价值，及其他对于测绘对象的专业描述。

  3. 测绘图纸

  图纸名称、总平面图、单体建筑的各层平面图、单体建筑的横剖面图、单体建筑的纵剖面图、院落剖面图、梁架仰视图、单体建筑的正立面图、单体建筑的侧立面图、斗拱大样图、其他有价值细部大样图、参考比例尺（1:500～1:200、1:50～1:100、1:50、1:100、1:10、比例自定）。

  （四）成果的评价体系

  评价作业的标准体系，可参照以下诸条。

  1. 出勤率。
  2. 考察期间的学习、工作的主动性。
  3. 考察期间与他人的协调及合作能力。
  4. 速写及摄影作品的质量。
  5. 完成测绘图纸的数量。
  6. 测绘图纸的准确、清晰、详尽程度。
  7. 总体分析的独创性、研究性。
  8. 民居保护的建议。

二、课程阐述

  该课程是一门实践性教学课程，其教学过程主要由教师理论授课及传统民居实地考察两部分构成。教师的授课将贯穿于测绘的整个过程：前期讲述江南民居建筑、中国建筑史相应知识点，以及测绘方法、测绘经验等；测绘期间每天对当日的测绘成果进行讲评，整理以及商讨解决实地问题；测绘完成后通过集中讨论整理、完善测绘成果。

  实地考察将对街巷、河道以及典型民居建筑尺寸进行详尽测量及其测量绘制。记录方法有草图、速写、照片等。通过实地考察，可以深入认识中国传统聚落的规划、布局，结合实物学习传统民居建筑的基本构造，感受传统民居建筑特殊的空间布局。

  该课程选取的考察对象一般位于江南市镇，近年所考察的对象有海宁路仲、湖州南浔、德清新市、丽水大港头等。考察中对以上地区民居聚落、建筑的测绘都为当地留下了最详尽的一手资料，这同时也是对江南特别是浙江地区的传统民居遗产进行普查和梳理的过程，为将来江南传统民居的学术研究积累丰富的基础资料。

三、课程作业

  该作业为海宁路仲古镇部分测绘成果。

  路仲古镇位于浙江省海宁市斜桥镇北。占地约4.5公顷。路仲四面环水，中间有汀溪港南北贯穿而过，镇中河浜纵横。自宋朝开始，张姓、钱姓、朱姓、管姓等族陆续迁入路仲，形成路仲四大家族。有钱家大院、管家大院、朱祥和大宅院、张家大厅以及部分具有一定规模的花团和书楼。虽然历尽沧桑，但至今仍保留许多明清建筑。

  本次测绘首先对古镇进行了详尽的总体调查，特别是对于古商业街，通过咨询当地老人、查看文献资料来进行复原工作;在对古镇做了整体调查后，选取了其中五座保留相对比较完整、具有一定历史价值的传统民居院落（钱君匋故居、管惠长故居、冯家厅、张子相明厅、黄苓梅故居），进行详细的测绘。

  以上宅院均有不同程度毁损，测绘过程中除了对现状做了详尽记录，还根据传统民居基本格局对宅院形制进行了推断复原，为将来的保护性修建提供了重要依据。

路仲介绍

路仲在浙江省海宁市硖石镇约6公里处。东吴倩将陆逊于战争的需要，在镇东营里安营扎寨，训练兵丁。因长期部署军队而逐渐形成了商贸集市。到了宋代，有余杭张姓、临安钱姓、安徽朱姓以及明代成年余姓管姓等族人迁入，形成了四大姓氏家族，逐渐繁衍成具有一定规模的大镇。从明清开始，大量建筑群体出现，高宅大院鳞次栉比。经过风雨数百年，直至今日，路仲仍保留着许多明清建筑。有明代永乐十二年建造的德义桥，清道光二年建造的德风桥、朱祥和花厅、管惠长厅、钱家厅、吴家厅、沈家厅、冯家厅、管式书楼等80处有特色的古宅分布镇中，是难得的文化遗产。

路仲古镇复原总平面图

中国美术学院 环境艺术设计系

学生：C.L.Y.Z

测绘目的

此次对海宁路仲的测绘是由海宁市博物馆和我环艺系2001级师生及两位研究生合作完成的，目的是通过精详尽的测量和绘制，使我们更深入了解浙江水乡古建筑，这对于我们这次活动更重要的意义是在于完成了对路仲古建详细图纸资料的制作，即使已遇到了不幸的破坏，也能凭借图纸重建。

路仲古街

与其他江南水乡一样，路仲的通道因水成街，因水成市的传统布局。路仲在大半个世纪以来是海宁重要的商贸大镇。斜桥、桐乡、屠甸等周边商都积聚于此进行贸易活动。在贸易集中的直大街和三角街上人流量可达三千左右。

街道石板铺地，蜿蜒前行，三角街主要是一街三折，两条主街并不宽，最大不超过三米。其他蜿蜒巷更是窄而逼仄，街道两边的是铺规模一般不大。许多商品模市，衣帽、鞋、木器、竹器、铁器、寿品布匹、点心等都属于家庭手工业作坊，自产自销。因此，路仲的商铺大多是店铺住宅合而并用，形成"前店后宅"、"下店上宅"的形制。

路仲人

路仲管、钱、张、朱四大家族都是将相之后，钱、朱两家甚至是呈族后裔，因其家族福荫，所子弟大多有良好的学习环境和修身养性的氛围。他们出身仕途，随后又衣锦还乡，以商助农。依此菌积壮大，如近代钱家继续、自镇朝的经济命脉。四大家族几乎控制路仲的经济命脉，如近代钱家继续、自镇的经济命脉。以及各家所经营的油厂、商铺等。

真正让四大家族名扬后世的是因这些家族里诞生了令人敬慕的名人志士。从宋代到当代，如著名诗人、书画家、科学家、学者等数十位。如宋代女词人朱淑真，清代书画家管庭芬、管风朝、近代医学家钱崇润，当代画家钱君匋，张眉孙等等。

「后记」

整个对路仲的资料整理过程是极快而顺利的，这都得力于张志华老人的帮助。张老是四大家族中张永俊的嫡孙子，自镇供销社退休后，受聘物管委托多年来，一直致力与对路仲古镇每一条街巷老宅的造址考证。张老带着我们几乎走过了路仲的大街小巷。每当走过往的春意昂然的地方，他不时的会提起盛时期的路仲，街市上人来人往鼎沸的会提起钱家那个个能晒下一个河滨口水运繁忙，还有巷口摆面人的宽门槛，老人……

● 德风桥上的张老管华老人（中）
● 在张老家中整理资料

路仲水系

路仲四面环水，至北河南有淳溪港贯穿，镇内河流纵横，自古以来便利的水运就成为路仲聚散的必要条件。半个世纪以前的路仲船运十分发达，每日定时定点有班船开往临近的乡镇，从火轮码头出发可以到海宁、杭州换船运河便可直通北京。

水乡人家缘水而居，聚人成村、聚村成乡，水乡人家为了连接水陆，便有了石驳岸和桥。路仲沿岸十多米就会有水埠，想从前朝和沿海宁特有的交通形式，家家门前泊舟航"、"远坊曲巷皆通水、家家门前泊舟航"的景致。

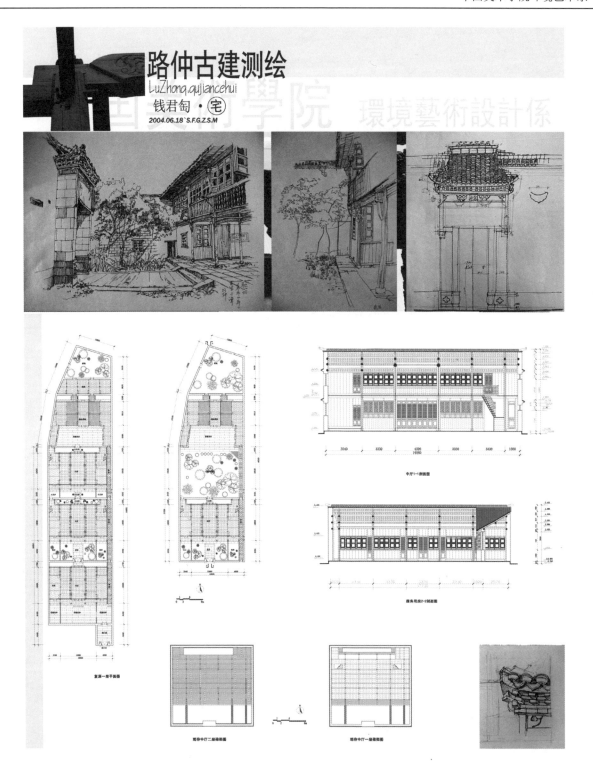

2004-2009 **CHARACTERISTIC COURSE** RECORD
特色课程实录

NATIONAL UNIVERSITIES AND COLLEGES OF ARCHITECTURE AND ENVIRONMENTAL ART DESIGN

景观设计课程 | Landscape Design Course

课程名称：**景观设计概论**

主讲教师：**丁圆**
男。1970年生。景观专业教研室主任，副教授。留日博士、日本三重大学博士后。

一、课程大纲

（一）课程目的和要求

景观设计学是一门应用性学科，专业涉及诸多相关学科内容。作为第一门专业理论课程，课程以教师讲解景观规划设计的原理、要点和规划设计最新景观规划案例为主，结合学生调研和讨论等方式展开，争取互动，促进学生主动思考问题和知识的理解，让同学们了解掌握景观规划与设计方面的专业知识、应用方法、前沿课题等，学会如何发现问题、通过所学知识分析和解决问题。课程的主要目的包括以下方面。

1. 掌握景观规划与设计的基本概念、设计理论和方法。
2. 了解景观规划与设计的特点、涉及内容、范围等知识结构。
3. 通过实际案例分析整理，进一步加强对知识的理解和记忆。
4. 重点讲授设计前期调研的基本方法，并选择中央美术学院所在的望京社区作为调查对象，通过调查研究分析现有的问题，理论联系实际，寻求解决问题的方法。

（二）课程计划安排

结合主编《景观设计概论》（高等教育出版社）教材的相关资料，讲解景观规划设计的原理、要点和规划设计最新景观规划案例成果。景观规划设计的基础是如何把握一个地区的主要景观特征，其内容包括自然气候、地理地貌、历史人文、水文植被和人们的生活习俗等物质性和非物质性条件。在此基础上，抽出其主要和次要景观特征，利用技术和设计的手法，突出主要景观特征以维护区域的特点。具体分为以下内容。

1. 第一讲：景观学概述。
2. 第二讲：景观设计基本要素。
3. 第三讲：景观设计方法论。
4. 第四讲：公共空间景观设计1。
5. 第五讲：公共空间景观设计2。
6. 第六讲：居住区景观设计。
7. 第七讲：景观环境的公共艺术。
8. 第八讲：景观植物造景与细节设计。

章节	内容	总课时	讲授课时	讨论课时
第一讲	景观学概述	4	3	1
第二讲	景观设计基本要素	4	3	1
第三讲	景观设计方法论	4	3	1
第四讲	公共空间景观设计1	4	3	1
第五讲	公共空间景观设计2	4	3	1
第六讲	居住区景观设计	4	3	1
第七讲	景观环境的公共艺术	4	3	1
第八讲	景观植物造景与细节设计	4	3	1
	合计	32	24	8

（三）课程作业要求

1. 案例分析报告

查找实际案例，通过资料分析，了解景观规划与设计的步骤、方法、设计原则重点、设计成果表达等。

要求：案例选择理由、案例环境条件、总平面等设计图纸、建成前后对比和综合评述。

图文并茂，叙述简明扼要，阐述语言表达准确。

2.调研分析报告

通过某个基地定点调研分析，观察环境条件、景观物质条件、使用人群属性、使用方式特点、设计与使用偏差等，得出自己的结论。

3.考核标准

（1）案例和场地选择理由明确，环境资料、总平面、剖立面及细节设计等资料齐全，设计背景、设计概念、建造前后对比等分析详尽，结论充分（50分）。

（2）调研方法准确详尽（30分）。

（3）工作态度端正（10分）。

（4）语言简明扼要，思路清晰（10分）。

二、课程阐述

（一）理论课程讲授方法

景观设计学科的理论课程往往需要与设计类课程相结合，避免过于强调知识传授或者为了讲述理论而理论的状况。课程结构从景观设计的定义着手，梳理不同的学科给景观确定的研究范围、内容和技术途径。进而展现近现代景观设计的各种风格流派，从风格演化、思维观念、设计方法、作品特色等加以重点说明，帮助学生树立良好视野。其次，和学院景观定位相配合，重点讲述城市公共空间景观（包括街道、公园、广场绿地、滨水等）和居住区景观设计。阐述重要的理论观念和前沿学术课题，并通过案例分析，讲述应用方法，佐证理论与实践的关联性。最后是景观设计细节和施工、植物造景手法、公共环境艺术。即教授方法是由知识理论到重点设计对象，再到设计细节和艺术化提高，强调理论走向实践的过程。

（二）思维模式训练

景观设计学涉及范围宽泛，必须要有创新性思维和理性逻辑的分析过程。理论课可以通过论题讨论，激发学生的积极思维，展现灵活利用知识并拓展知识。根据每个章节的主题内容，提出相关讨论主题，学生自主收集资料，分析证明论题，也可以提出反论。由学生主导的正反论证、教师引导的过程，激发学生学习理论知识的积极性，并活学活用。

（三）调研方法的学习

景观规划与设计涉及现场内容很多，甚至需要自己制作任务书，修正设计目标。因此需要设计师能够深入基地，通过仔细踏勘，分析基地优劣，把握设计方向。所以，除了设计方法论以外，重点训练设计基础的调研方法，即资料收集分析整理、现场踏勘收集数据、定点实测观察方法、问卷询问等多种实用方法。根据实际基地情况，适当选择，灵活运用。教师实施辅导，纠正、分析错误，补充数据采集，引导学生正确把握基地情况。

（四）成果解析讨论

经过理论知识传授，课题讨论和实地调研，最后通过发表报告阐述某个基地实际情况，得出相应的修正意见。学生准备调研报告、演示文件，讲述相关理论依据，确立调研目标、方法、实施过程，分析结果和改造设想。经过点评和讨论，教师提出最终评价。

三、课程作业

调研报告——城市公共空间（街角）
景观专业02级 邓璐

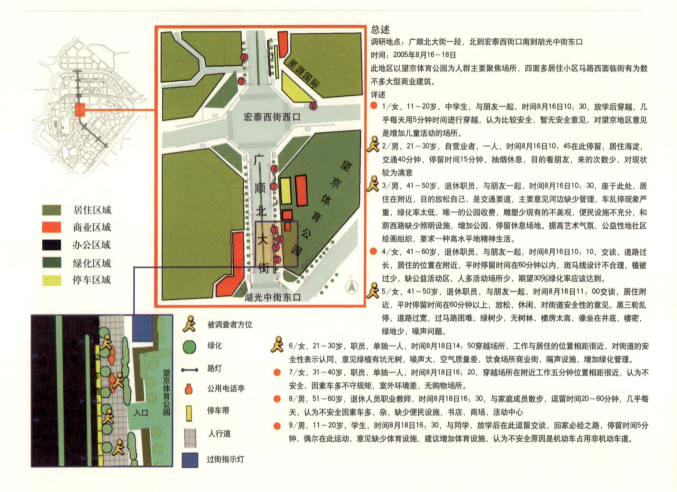

总述

调研地点：广顺北大街一段，北到宏泰西街口南到胡光中街东口
时间：2005年8月16~18日
此地区以望京体育公园为人群主要聚焦场所，四面多居住小区马路西面临街有为数不多大型商业建筑。

详述

● 1/女，11~20岁，中学生，与朋友一起，时间8月16日10：30，放学后穿越，几乎每天用5分钟时间进行穿越，认为比较安全，暂无安全意见，对望京地区意见是增加儿童活动的场所。

● 2/男，21~30岁，自营业者，一人，时间8月16日10：45在此停留，居住海淀，交通40分钟，停留时间15分钟，抽烟休息，目的看朋友，来的次数少，对现状较为满意

● 3/男，41~50岁，退休职员，与朋友一起，时间8月16日10：30，座于此处，居住在附近，目的放松自己，是交通要道，主要意见河边缺少管理，车乱停现象严重，绿化率太低，唯一的公园收费，雕塑现有的不美观，便民设施不充分，和荫西路缺少照明设施，增加公园，停留休息场地。提高艺术气氛，公益性地社区绘画组织，要求一种高水平地精神生活。

● 4/女，41~60岁，退休职员，与朋友一起，时间8月16日10：10，交谈，道路过长，居住的位置在附近，平时停留时间在60分钟以内，斑马线设计不合理，植被过少，缺公益活动区，人多活动场所少，期望30%绿化率应该达到。

● 5/男，41~50岁，退休职员，与朋友一起，时间8月16日11：00交谈，居住附近，平时停留时间在60分钟以上，放松，休闲，对街道安全性的意见，黑三轮乱停，道路过宽，过马路困难，绿树少，无树林，楼房太高，像坐在井底，楼密，绿地少，噪声问题。

● 6/女，21~30岁，职员，单独一人，时间8月18日14：50穿越场所，工作与居住的位置相距很近，对街道的安全性表示认同，意见绿植有坑无树，噪声大，空气质量差，饮食场所商业街，隔声设施，增加绿化管理。

● 7/女，31~40岁，职员，单独一人，时间8月18日16：20，穿越场所在附近工作五分钟位置相距很近，认为不安全，因素车多不守规矩，室外环境差，无购物场所。

● 8/男，51~60岁，退休人员职业教师，时间8月18日16：30，与家庭成员散步，逗留时间20~60分钟，几乎每天，认为不安全因素车多、杂、缺少便民设施、书店、商场、活动中心

● 9/男，11~20岁，学生，时间8月18日16：30，与同学，放学后在此逗留交谈，回家必经之路，停留时间5分钟，偶尔在此运动，意见缺少体育设施，建议增加体育设施，认为不安全原因是机动车占用非机动车道。

评语：
　　该调研报告认真仔细的记录了不同时段、不同区位的调查问卷，对不同年龄段的行人进行仔细的问卷调查，取得了一份较为完整的调研报告，从而得出该地区的优劣势问题以及整理出改造和发展城市公共空间的调查意见。

调研报告——城市公共空间
景观专业02级 陈艳

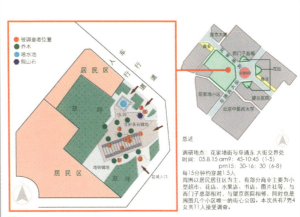

评语：
该调研报告对南湖南北路空间形态作了一个系统的记录调查，并抽取其中人流状况作了详细的分析报告，并结合一个城市街角空间的仔细的调研问卷对影响人流的各个因素做了筛选分析，报告完整仔细、切入点精确，是一份很成功的调研报告。

课程名称：**景观设计概论**

主讲教师：**王鸣峰**：湖北美术学院环境艺术设计系讲师。

一、课程大纲

（一）课程目的与要求

本课程包括两个自然风景与人文景观两部分内容。自然景观部分是通过学生对各种类型风景的资料收集。使学生从地理学知识的角度了解自然风景的特点及形成原因。人文景观部分是通过学生对构成城市景观的五大元素分析，掌握科学的分析方法。

（二）课程计划安排

第1周

1. 阶段目标：典型区域的自然景观特点。
2. 作业要求分为以下方面。
   （1）作业内容：收集不同的区域的自然景观资料、图文并茂。
   （2）图示表达：A1幅面手绘表达，要求特征突出。
   （3）阶段深度：手绘，工具不限。

第2周

1. 阶段目标：从地理学角度分析不同区域自然景观形成原因。
2. 作业要求分为以下方面。
   （1）作业内容：通过对不同气候、地形地貌、水文特征状态下的景观分析、了解其形成原因。
   （2）图示表达：A1幅面手绘表达，图文并茂。
   （3）阶段深度：手绘，工具不限。

第3周

1. 阶段目标：了解构成城市典型的景观元素，了解城市特征。
2. 作业要求分为以下方面。
   （1）作业内容：收集不同城市典型的景观元素，了解城市特征。
   （2）图示表达：A1幅面手绘表达，图文并茂。
   （3）阶段深度：手绘，工具不限。

第4周

1. 阶段目标：通过对城市某一元素的具体分析，较深入的提出自己的解决方案。
2. 作业要求分为以下方面。
   （1）作业内容：收集资料、提出问题、解决方案三方面。
   （2）图示表达：A1幅面，手绘示意图表示。
   （3）阶段深度：简图示意，工具不限。

二、课程阐述

本课程由自然风景和人文景观两个部分组成，针对不同内容使用不同的教学方式。自然风景知识部受教学环境限制，使用信息化教学方式，利用多媒体、网络、影像以及摄影作品使学生掌握更丰富的自然风景信息；人文景观知识部分让学生从自己所生活的城市出发，利用速写、摄影等方式身临其境地感受城市人文特点。

景观设计概论课程是一门知识型的课程，本课程教学内容突破了传统的景观教学模式，使学生站在一个更广义的角度了解景观，拓展新的教学思路和方法。景观设计源于风景，因此本课程教学中增加了部分地理学常识的讲授，使学生了解气候、地形地貌、水文、生物、植物等相关知识，课程内涵更为广泛，提高学生的学习兴趣和自主的学习能力。

本课程教学结合本系创办的"周进制"教学模式，以一周为时间单位，分阶段的实现教学目标，使学生在每个单位时间内收获新的知识。

分阶段的完成教学内容和课程作业，形成知识性和兴趣性有效结合的课程特色。

三、课程作业

景观设计概论（1）

第1周

1. 阶段目标：典型区域的自然景观特点。

2. 作业要求分为以下方面。

（1）作业内容：收集不同的区域的自然景观资料、图文并茂。

（2）图示表达：A1幅面手绘表达，要求特征突出。

（3）阶段深度：手绘，工具不限。

景观设计概论（2）

第2周

1. 阶段目标：从地理学角度分析不同区域自然景观形成原因。
2. 作业要求分为以下方面。
  (1) 作业内容：通过对不同气候、地形地貌、水文特征状态下的景观分析、了解其形成原因。
  (2) 图示表达：A1幅面手绘表达，图文并茂。
  (3) 阶段深度：手绘，工具不限。

景观设计概论（3）

景观设计概论（4）

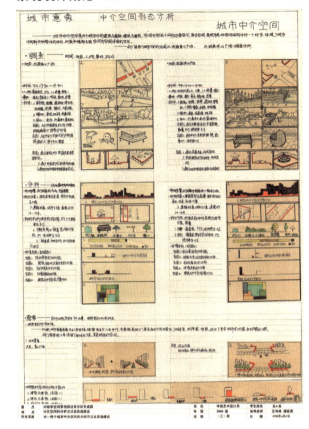

第3周
1. 阶段目标：了解构成城市典型的景观元素，了解城市特征。

2. 作业要求分为以下方面。
（1）作业内容：收集不同城市典型的景观元素，了解城市特征。
（2）图示表达：A1幅面手绘表达，图文并茂。
（3）阶段深度：手绘，工具不限。

第4周
1. 阶段目标：通过对城市某一元素的具体分析，较深入的提出自己的解决方案。

2. 作业要求分为以下方面。
（1）作业内容：收集资料、提出问题、解决方案三方面。
（2）图示表达：A1幅面，手绘示意图表示。
（3）阶段深度：简图示意，工具不限。

课程名称：**景观艺术设计**（2009年评为天津市精品课程）

主讲教师：**彭军**

男。1958年生于北京。天津美术学院设计艺术学院副院长、环境艺术设计系主任，教授、硕士生导师。1982～1986年就读于天津美术学院，获学士学位。2005～2006年公派英国诺森比亚大学、布鲁奈尔大学做高级访问学者。1986年至今在天津美术学院环境艺术设计系任教。

龚立君

女。1963年生于天津。天津美术学院环境艺术设计系副主任，副教授。1980年至1984年就读于武汉理工大学，获学士学位。2002年至今在天津美术学院环境艺术设计系任教。

高颖

男。1972年生于天津。副教授。1991～1995年就读于北京林业大学，获学士学位。2000～2003年就读于天津美术学院，获硕士学位。1995年至今在天津美术学院环境艺术设计系任教。

金纹青

女。1977年生于宁夏。讲师。1996～2000年就读于天津大学，获学士学位。2003～2005年就读于天津大学，获硕士学位。2005年至今在天津美术学院环境艺术设计系任教。

一、课程大纲

天津美术学院景观艺术设计课程属于该系景观设计专业方向承上启下的一门综合性核心专业课程，是环境艺术设计专业非常重要的理论与实践并重性质的课程。基于适应社会与市场发展的需要，本课程在教学过程中不断探索、改革、创新，逐渐形成了一套由植物与造景设计、社区景观艺术设计和城市景观艺术设计三个教学单元构成的课程体系。

三个教学单元分别对应植物与造景设计部分、社区景观艺术设计部分和城市景观艺术设计部分三个知识模块。通过将综合性强、涵盖面广的景观艺术设计课程划分为三个知识模块，能够使学生循序渐进、由浅入深、系统全面地吸收、掌握其知识点，并加以实践运用。

景观艺术设计课程三个知识模块的顺序及对应学时如下。

景观艺术设计知识模块		
知识模块顺序	知识模块名称	学时
模块一	植物与造景设计部分	64
模块二	社区景观艺术设计部分	80
模块三	城市景观艺术设计部分	80

（一）课程目的与要求

主要通过理论的讲授和严格的训练，培养学生的专业设计意识、理性分析意识、独立创新意识；通过项目教学，注重发挥学生主体意识，培养团队协作精神和与人沟通能力，并在真实的环境中养成从事景观设计行业的良好职业素质，为从事景观设计职业工作岗位和自主创业打下良好基础。突出艺术院校的人文背景优势，创出独特的创新型人才培养模式，努力打造适应社会需求的景观设计人才。

1. 植物与造景设计部分

通过本教学单元的学习，使学生掌握园艺基础知识与原理，植物的配置特性、运用规律，以及地域生态、气候特征因素对植物配制的制约与影响；把握绿化、植物配置与区域的整体规划、水体、路面铺装、建筑小品及相关设施的设计关系、施工技术等。

2. 社区景观艺术设计部分

通过本教学单元的学习，使学生了解并掌握社区景观艺术设计的基本理论与方法，了解国内外针对城市住宅环境的规划，展开居住行为心理学、社会学设计的研究，运用现代社区环境设计理念和相关的专业知识、科学的设计程序和设计方法。

3. 城市景观艺术设计部分

通过本教学单元的学习，使学生了解国际上对城市景观研究的基本方法和理论，景观的含义、景观的构成、城市景观的涵盖范围，人与景观环境的关系、影响景观环境的因素等。通过对城市景观的解析，知晓城市景观设计的特点及其构成要素以及如何看待和评判特定城市景观的优劣，并掌握基本设计方法。

（二）课程计划安排

天津美术学院景观艺术设计课程设置在第四学年第一学期，三部分知识模块的教学在前置课程的基础上，根据每部分的特点制定相应的教学计划与安排。

1. 植物与造景设计部分（64学时）

教学内容	讲授内容	①园林植物景观设计原理	4学时
		②园林植物配置设计	8学时
		③园林植物景观设计的生态学原理	4学时
		④植物与其他景观要素的搭配	12学时
		⑤园林植物种植设计	4学时
	实训内容	①考察调研阶段	8学时
		②课题设计训练	24学时

教学进程	讲授	①课堂讲授；②作品分析	32学时
	实训	①实地考察；素材资料搜集	8学时
		②设计创意	10学时
		③课堂讨论	4学时
		④方案表达、设计文案	8学时
	考评	①课堂总结；②作业点评	2学时

2. 社区景观艺术设计（80学时）

教学内容	讲授内容	①景观设计概述	4学时
		②社区景观整体规划设计	8学时
		③社区景观艺术设计原理	8学时
		④社区景观无障碍设计	4学时
	实训内容	①案例分析与考察调研	4学时
		②模拟设计训练	12学时
		③实际项目设计实践	40学时

			续表
教学进程	讲授	①课堂讲授；②作品分析	24学时
	实训	①实地考察、素材资料搜集	8学时
		②设计创意	16学时
		③方案表述	8学时
		④完成设计文案	20学时
	考评	①课堂总结；②作业点评	4学时

3.城市景观艺术设计（80学时）

教学内容	讲授内容	①景观与环境	4学时
		②城市景观的演变与发展	4学时
		③城市景观设计包含的内容和基本方法	4学时
		④城市景观艺术设计	20学时
	实训内容	①案例分析与考察调研	8学时
		②实际项目设计实践	40学时
教学进程	讲授	①课堂讲授；②景观实例分析	32学时
	实训	①实例调研及完成调研报告	8学时
		②编写课程设计工作提纲	4学时
		③课题设计一	12学时
		③课题设计二	20学时
	考评	①课堂总结；②作业点评	4学时

（三）作业内容与考核标准

1.植物与造景设计部分

课题一：植物园考察调研报告（占课程总成绩20%）。

（1）理解深刻、分析透彻（30%）。

（2）条理性强、文字简洁（30%）。

（3）图文并茂、配手绘图（30%）。

（4）学习态度（10%）。

课题二：某公园植物种植设计。作业方案册包括植物种植配置彩色平面图、植物配置施工图、选用植物的材料表（详细注明植物的规格要求）和详尽的设计说明、效果图。（占课程总成绩80%）。

（1）设计构思有创新性（30%）。

（2）方案完整程度（30%）。

（3）设计方案综合表现能力（30%）。

（4）学习态度（10%）。

2.社区景观艺术设计部分

课题一：调研报告（占课程总成绩20%）。

（1）理解深刻、分析透彻（30%）。

（2）条理性强（30%）。

（3）图文并茂、配手绘图（30%）。
（4）学习态度（10%）。

课题二：结合课程的实际设计题目（入口大门、中心花园、儿童游乐场、各级道路景观等）（占课程总成绩20%）。
（1）设计构思有创新性（30%）。
（2）方案完整程度（30%）。
（3）设计方案综合表现能力（30%）。
（4）学习态度（10%）。

课题三：某居住小区环境景观设计（占课程总成绩60%）。
（1）设计构思有创新性（20%）。
（2）方案完整程度（30%）。
（3）设计方案综合表现能力（30%）。
（4）方案汇报表现（10%）。
（5）学习态度（10%）。

3. 城市景观艺术设计部分

课题一：调研报告（占课程总成绩20%）。
（1）理解深刻、分析透彻（30%）。
（2）条理性强、文字简洁（30%）。
（3）图文并茂、配手绘图（30%）。
（4）学习态度（10%）。

课题二：结合课程的实际设计（城市主要商业街道景观设计、城市沿河某段景观改造设计、城市商业区景观设计、城市不同功能广场景观设计课题设计等）（占课程总成绩80%）。
（1）设计构思有创新性（20%）。
（2）方案完整程度（30%）。
（3）设计方案综合表现能力（30%）。
（4）方案汇报表现（10%）。
（5）学习态度（10%）。

二、课程阐述

天津美术学院景观艺术设计课程自设立至今，一直秉承着"研究该学科领域前沿知识与创新、以社会发展对应专业研究实践为导向，通过理论讲授和严格训练，培养学生专业设计意识、理性分析意识和独立创新意识，突出艺术院校的人文背景优势，创出独特创新型人才培养模式，打造适应社会需求的景观设计人才"的课程目标。

面对多元化的现代社会，天津美术学院景观艺术设计课程不断地探索与创新，研究新的课程形式与教学方法，发现、分析和适应市场对专业教学的需求，制定出合理的独具特色的景观艺术设计课程体系。

景观艺术设计课程内容与教法的创新与特色主要表现在以下两个方面。

（一）课程特点

1. 从课程结构来看。植物与造景设计、社区景观艺术设计和城市景观艺术设计三个知识模块的课程单元按照知识层面与深度递进的关系共同构成本课程教学体系，属于承上启下的综合性核心专业课程，对于环境艺术设计专业学生而言极为重要，是环境艺术设计专业非常重要的实践性质课程之一。

2. 从课程的内容设置与教学环节来看。理论讲授与实践教学结合，按照理论讲授—案例分析—模拟训练—项目实践—考核评价逐步递进的顺序组织课程教学，符合学生的头脑认知规律。尤其强调实践教学的重要性，培养学生的综合素质。

3. 从教学方法与形式来看。围绕课程内容，通过激发学习兴趣与知识积累、邀请专家讲座与考评、加强基地考察与项目实践、发挥集体智慧与网络学习等方法，形成本课程的教学特色。

（二）教学特色

1. 转变教学思路，形成系统化、立体化的教学模式

课程设置准确定位社会发展与市场需求，安排具有丰富理论知识与实践经验的主讲教师，邀请资深专业人士讲座，举办国际交流座谈，将传统理论教授、单一技能培训分开的教学模式转化为以"产、学、研"为导向、以校企合作项目为载体、以多元评价体系为考核标准的系统化、立体化的教学模式。

2. 强调基本技能与艺术设计的训练

充分利用与发挥天津美术学院艺术类院校的教学资源与优势，强调学生课程设计的艺术化表现手法与形式，在以北京大学、北京林业大学与同济大学等理工大学的风景园林、景观设计专业方向为代表的专业领域中，突出自身景观艺术设计的优势与特色，使学生在激烈的社会竞争中拥有一技之长。

3. 建立符合头脑认知规律的科学的教学体系

依据头脑认知规律，按照理论讲授—案例分析—模拟训练—项目实践—考核评价逐步递进的顺序组织课程教学，使学生能够充分的吸收、理解、掌握专业知识与技能。

4. 校企合作创建网络资源共享平台。

从硬件到软件教学，充分利用网络资源，建立包括课程网络课件、大量景观设计素材、相关法律法规、优秀设计案例等资料的教学共享资源库。同时，通过同教学实践基地以及社会企业的交流合作，不断更新资源库。学生可以随时浏览、学习、使用资源库资料，有效利用网络交流，无形中扩充了相对有限的教学时间与空间。

5. 建立多元考核评价体系

课程考核上，改变过去单一技能考核的方式，采用结果与过程考核相结合，知识和技能考核相结合的方式。考核成绩综合考虑以下几个方面：一是各阶段实训任务完成情况；二是各设计环节的工作过程、设计方案结果；三是实际项目的完成情况。考核的主体包括课程教师、业内专家、项目小组及客户多元评价主体，从而全面、系统地进行考核评价。

三、课程作业

作业：稻花香
作者：张俊龙

评语：该设计依据定位，围绕娱乐休憩、梯田稻香、亲水景观而展开，强调乡土植物的运用，注重植物配置形式美的规律，运用植物对地形地改善功能，讲求竖向的起伏变化，综合考虑植物的质感、色彩、形态等的观赏特性，形成朴素悠然、引人入胜的植物景观。

通过台地之间多层次关系的处理，让人们走在梯田间尽量获得更多的新奇与欢乐。

配置意向参考

作业：旋·绿——天津南湾生态园北岛居住区景观设计

作者：韩毅　庞迪　王晨

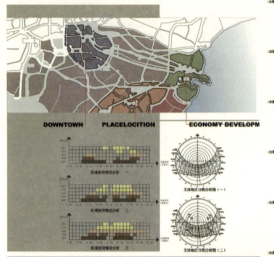
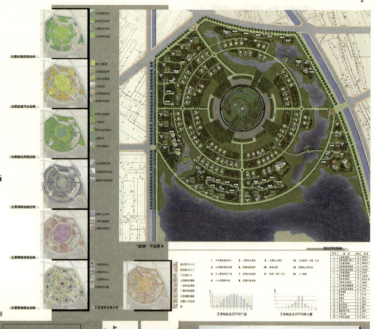
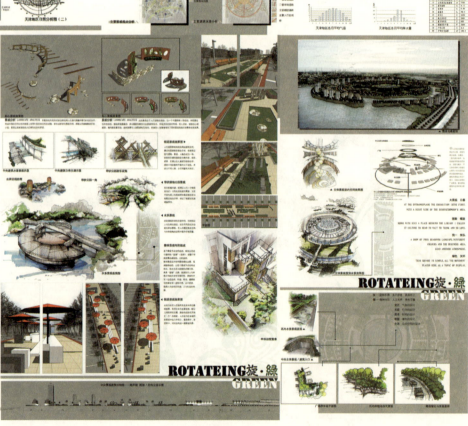

评语：该作业能够充分利用原地区得天独厚的滨水地理优势，运用景观要素——水，作为联系各居住建筑的纽带，构成以水为主的社区景观环境。在细节处理上，最大程度地发挥滨水景观的聚合力，真正营造"乐居、乐聚"的室外环境。紧扣"旋绿"主题，创造出一个向心型的绿色生态小区。路网与空间划分较为合理，基本做到人车分流，同时在各居住组团之间用带状公共绿地作为边界与过渡。方案具有创意，但仍需深入，增加清晰的分析图及景观节点表现图。

天津美术学院设计艺术学院环境艺术系

作业：创意文化公园景观设计
作者：李飞　赵波涛　史正寅

评语：该作业的特点在于梳理得非常清晰的分析过程与设计思路。对场地具体的景观探讨主要从三个方面展开：现状分析；设计理念提取；人文景观塑造。这种分析与设计过程简洁、高效、易操作。尊重场地精神、发掘场地文化、注入经济活力、提供休闲娱乐功能和体验独特的景观这五个原则的确立体现了作者清晰的设计思路与设计目标。该作业条理清楚，绘图表现简洁明快、艺术感染力强，对方案的内容表述清楚规范，一目了然。

课程名称：**景观设计**

主讲教师：**屈德印**
男。1963年生。河南灵宝人。浙江科技学院艺术设计学院教授、副院长。长期从事环境艺术设计教学与科研工作，公开发表学术论文30余篇，著作4部，主持省级以上科研项目3项，主要讲授"景观设计"、"环境艺术基础"等专业课程。
叶青
女。1978年生。湖北武汉人。讲师。浙江科技学院艺术设计学院教师，毕业于武汉理工大学设计艺术学专业。

一、课程大纲

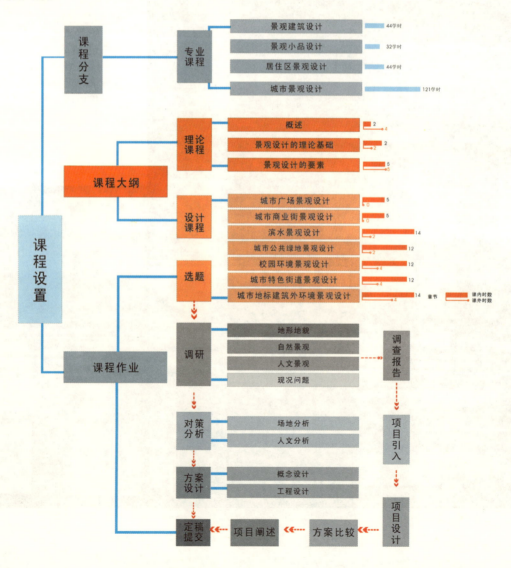

（一）课程目的与要求

本课程是环境艺术设计景观设计方向专业必修课程，是景观设计方向的核心课程。通过该课程的学习，使学生进一步树立整体环境的意识，具备现代景观设计能力。主要讲授景观设计的基本理论和设计方法，使学生掌握景观设计技术、造型关系和空间艺术处理的手法，具备较好的表现技巧。

课程的任务是讲授景观设计的理论、步骤、方法与表现技巧。教学的目的是培养学生观察、分析、归纳问题的思想方法，更重要的是具备景观设计的能力。

（二）考核标准

1. 考核方式。考试（√）；考查（√）
2. 成绩评定。

计分制：百分制（√）；五级分制（√）；两级分制（√）

总评成绩构成：平时考核（100）%；中期考核（0）%；期末考核（0）%。

平时成绩构成：考勤考纪（20）%；作业（60）%；实践环节（20）%；其他（0）%。

二、课程阐述

1. 本课程主要是由城市景观设计、居住区景观设计、景观建筑设计、景观小品设计和景观设计实习几个分支课程组成。通过课程的不同侧重点进行循序渐进的教学，建立理论与设计实践并重，教学与市场相融，以培养应用型专业人才为目的的教学模式。

2. 结合江南的文化地域特征来进行教学。

在课程的实习环节，我们会带领学生到西湖边体验美丽的自然景观，到苏州考察中国传统的造园手法，到上海感受国际化大都市的城市景观。考察完成后要求学生对这几种不同类型的景观进行比较，完成调查报告。

在城市景观设计课程中，结合长三角快速增长的城市化进程和新农村建设之间的问题，启发学生如何通过设计来体现地域文化特征。

3. 以项目教学为主导，培养学生创新思维和动手能力。

以长三角经济圈为依托，在相关专业公司建立了我校的景观设计实习基地，将实际项目引入到教学中来，开拓了学生视野并使教学更贴近市场。

在课程作业的环节，我们很注重学生创新思维的培养，如某公园入口的概念方案设计作业。在动手能力的培养方面，我们提倡就地取材和生态环保的概念，例如在景观设计小品设计课程中，学生以校园景观为背景，利用山后的竹子作为原材料，通过手工和机器加工完成1:1的景观小品，为校园增色不少。

江南都市：园·城·山水

老师指导学生完成模型制作

学生动手加工

三、课程作业

课程名称：景观小品设计
作业要求：选取校园一角作为场地背景设计能够体现校园文化内涵的景观小品。要求有平面图、立面图、效果草图，制作模型，比例自定。

作业1：巢

作业2：升

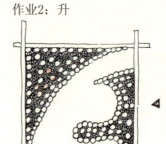

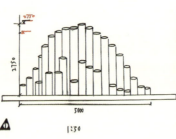

评语：

作业1—"巢"表现了校园孕育新思想新人才的设计概念。主题表现鲜明，缺憾在于空间表现力不够，缺少层次感。

作业2—"升"表达了不断向上进取的学子精神。缺点在于形式过于单一。

课程名称：居住区景观设计
作业要求：要求前期充分考察调研该地区的其他楼盘的景观设计，作出调查报告。然后进行场地分析，最后完成设计方案。

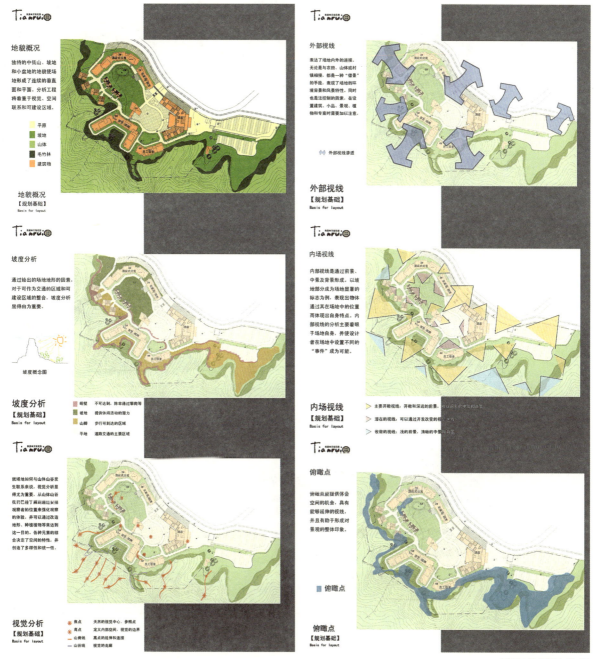

详细的场地分析

课程名称：居住区景观设计

总平面图

鸟瞰图
【设计篇】Design chapter

主入口效果图
【设计篇】Design chapter

梯田核心区效果图三
【设计篇】Design chapter

梯田核心区效果图
【设计篇】Design chapter

梯田核心区效果图二
【设计篇】Design chapter

表达都市田园梦想的设计理念

课程名称：居住区景观设计

细节的设计，更深入完善设计方案

课程名称：**景观设计专业综合设计课程**

主讲教师：景观设计课程1——小空间景观设计：丁圆、吴祥艳、侯晓蕾
景观设计课程2——滨水景观设计：丁圆、吴祥艳
景观设计课程3——商业街景观设计：王铁、钟山风
景观设计课程4——居住区景观设计：王铁、钟山风
景观辅助设计课程——植物造景设计、施工图设计、手绘表现、快题设计

王　铁
男。中央美术学院建筑学院副院长，教授、中央美术学院学术委员会委员、中国艺术研究院特约研究员、中国建筑装饰协会常务理事、多所大学客座教授。

丁　圆
男。中央美术学院建筑学院景观专业教研室主任，副教授。留日博士、日本三重大学博士后。

吴祥艳
女。清华大学博士、高级工程师。

钟山风
男。中央美术学院硕士，讲师，擅长展览展示设计。

侯晓蕾
女。北京林业大学博士，师从王向荣教授，主要研究方向为景观规划设计、景观生态。

一、课程大纲

（一）课程目的

景观设计学是一门应用性学科，专业涉及诸多相关学科内容，许多方面都需要进行更深层次的探索和研究。随着社会开放程度的提高和信息技术手段的普及，今后的高等教育教学方式必将由知识性传授为主向素质和技能综合型方向转化。在越来越重视原创性的今天，拥有艺术原创思想和理性建造技术，发展实践型教学，培养具有原创能力、艺术修养和实践经验的高端人才，是我院景观设计专业的重点方向。

（二）课程要求

1. 景观设计课程要求教师结合相关前沿理论知识和学术观点，深入浅出的通过实例分析阐述课题要求。
2. 要求学生通过实地踏勘，分析基地及周边情况，发现问题并提出解决问题的方法。
3. 设计课程要求把握整个基地的空间形态、功能、路径以及细节设计，设计理念完整，设计表现清晰、富有艺术感。
4. 课程发表需要准备演示文件和展板，需要按时间准确表达涉及内容。

（三）课程计划安排：

中央美术学院建筑学院采用5年制的大建筑基础的教学体系，即新生通过2年半为基础的课程阶段，学习设计基础知识、方法技能，提高文化艺术修养。

景观设计专业是从分专业开始，根据综合设计课程整体要求，设置主干设计课程和辅助设计课程。

1. 主干设计课程长学期安排2个课程、每个课程8～10周时间。短学期安排1个课程，时间为8周。同时，根据设计规模尺度和复杂程度，由小到大，由单一到复杂的顺序设置课程内容。
2. 辅助设计课程是有针对性的专项联系，结合主干课程配套联系，并且根据不同阶段要求，分重点配置。

（四）课程作业内容和考核标准

课程作业需要有完整调查分析报告、文字性设计概念阐述、相关的设计图纸和最后的演示文件、展板。考核根据不同课程担当老师要求会有侧重点不同，一般以设计完整性和创意性为主，结合设计表现、发表展示状况以及作业出勤态度综合评测。

二、课程阐述

（一）课程教学目标和理念

学校内设计课程不可能涉及所有课题，因此，我院的景观设计课程加强工程实践与课程课题相结合，更有效地使书本知识转化到实际设计中去，注重学生的设计方法的培养和锻炼，培养学生的灵活对应和团队合作精神。

1. 针对真实设计课题，从复杂的现状调研出发，把握分析课题问题点，找出解决课题的路径方法。
2. 每个课题解决一个或几个核心问题，以此作为考核的标准，并结合配套课程和理论课程的相关知识，相互合作，强调各课程要点之间融会贯通。
3. 通过模拟真实发表说明方案，锻炼学生的语言表达和应变能力。

（二）课程特色

课程设置以人工环境下的城市景观环境问题和人居环境为主线，以人的行为和生理心理为设计出发点，结合自然生态因素和景观独特的表现手段，突出景观设计的文化性和人性化。课程教学以实际案例分析导入基本设计方法和分析问题的逻辑关系，重点在概念形成过程分析、设计递进深化过程分析、设计细节和设计艺术化的表现。课程强调现场踏勘的重要性，通过实地讲解进一步加深学生的真实感受。

（三）课程内容

根据景观设计专业自身的特点，课程分为城市街道、社区邻里空间的小绿地、小公园的小尺度、单一功能的景观设计，作为第一个专业课程设计主要考虑休憩功能、美化环境。同时，了解景观设计的特殊性和基本方法：滨水景观突出城市功能与生态自然环境的结合，考虑人的心理生理因素，维护生态平衡和城市安全；商业街景观设计更从城市核心问题出发，考虑复杂的城市功能交叉和更替、城市景观形象维护和创新、交通安全保障等；居住区景观设计从人居环境出发，侧重交通流线组织、景观区域组合、休憩与运动的动静配置、植物和景观细节处理；配套设计针对景观设计的植物、表现方法等具体问题，逐一解决。

三、课程作业

景观设计课程1——小空间景观设计
指导老师：丁圆、吴祥艳、侯晓蕾
学　　生：景观专业05级　曹晓飞

评语：
　　该方案从基地人流动线着手，分析动线与各功能区块的关系，由此确定基地的平面景观格局和主交通路径。方案主次关系明确，硬质广场铺装与软质绿化配置合理，并尝试通过微地形处理和公共艺术作品提升环境品质。作为第一次景观设计，该方案在植物造景设计上比较凌乱，缺乏层次，有待提高。

景观设计课程2——滨水景观设计
指导老师：丁圆、吴祥艳
学　　生：景观专业05级　成旺蛰

评语：
　　该方案从城市景观形象出发，将基地沿中轴线北扩至行政中心，南端通过双塔对景，加强了城市中心景观带，提升新区形象。中轴景观带两侧根据人流动线，配置相关的城市功能。兼顾城市安全需求，递进降低标高，解决滨水亲水游憩空间，景观细节设计上突出人性化与适度设计。

景观设计课程3——商业街景观设计
指导老师：王铁、钟山风
学　　生：景观专业05级　成旺蛰

评语：
　　此次课题对景观专业的学生提出更高的要求，即对商业街景观的把握要考虑建筑景观及街道景观两者所共同塑造成的整体商业街的氛围。此学生在设计过程中较好地把握了这几方面。经过仔细调研之后，将北戴河五大元素很巧妙地融入设计中，尊重北戴河欧式古典风格的基础上融入了现代元素。设计风格明确，材质统一，使建筑与自然环境、交通空间、街道空间恰当的结合，产生了一种相对动态的平衡。通过考虑各种内在与外在的因素使街道的建筑立面风格保持统一，形成了协调的街道气氛。
　　此外，考虑了街道景观设施，以满足适用人群出发，融合了商业街的气氛，使景观具有可观性、舒适性。若能对商业街气氛再有适度的把握，整个作品将更加完整。

景观设计课程4——居住区景观设计
指导老师：王铁、钟山风
学　　生：景观专业05级　王成业

评语：
　　此作品思路大胆、清晰，以其独特的视角与表现手法诠释了农民居住区景观，设计时对使用者居住环境变化、职业转变、生活方式的转变作了深入的研究。充分利用地形，彰显了这个场地独一无二的特性，与自然环境、人文环境相辅相承、辉映成趣。采用了象征性的手法使建筑与场地产生了间接性的象征关系，使居住区景观形成了一个都市环境和自然环境的交汇点，其中自然元素与人工元素交相呼应，使居住区提供给使用者的不仅仅是建筑实体空间，更带来了吸引和促进多种社会活动的公共场所。
　　此外，内外、动静、明暗之间的空间划分更给整个作品带来了趣味性和不可预知性。

课程名称：**广场景观设计**

主讲教师：**董雅**
男。1957年生于天津。天津大学建筑学院院艺术设计系主任、教授。
1982年毕业于中央工艺美术学院，中国艺术研究院设计艺术学客座教授、博士研究生导师。

一、课程大纲

课程编号：2060307-309
学　　时：56
学　　分：3.5
授课学院：建筑学院
适用专业：艺术设计专业
教材：
刘滨谊.现代景观规划设计.南京：东南大学出版社，2001.
主要参考资料：
刘滨谊.城市广场设计.南京：东南大学出版社.

（一）课程的性质、目的及任务
1. 本课题培养学生处理交通、使用等各种较复杂功能的能力，广场环境景观设计要满足休闲、交往、康体健身、表演、集会、交通等各种综合性功能要求。
2. 培养学生处理大尺度空间环境的能力，加强尺度感训练。
3. 培养学生综合运用多种设计元素的能力，设计要求将广场铺装、草坪、绿化、雕塑、小品、水池、喷泉、照明设施以及其他的公共设施等综合考虑，统一设计。
4. 培养学生广场以及其他类似空间环境的设计能力。
5. 重点培养学生综合运用知识的能力，在广场环境景观设计中将建筑学、城市规划和环境艺术等专业的知识综合运用，提高学生综合处理问题的能力。
6. 结合广场雕塑或标志物的设计，加强学生公共艺术设计的训练。

（二）教学基本要求
组织学生参观调研；
教师讲课题并举办相关内容讲座；
学生自己策划部分活动项目和设计内容，并完成文字设计内容；
学生制做工作模型；
教师课堂进行具体改图指导；
组织学生讨论方案；
国内外优秀广场设计作品介绍和讲评；
文化广场环境景观设计，商业广场环境景观设计，旧广场环境景观改造设计。

（三）教学内容

音乐广场环境景观设计、站前广场环境景观设计、公园广场环境景观设计；
水景广场环境景观设计、纪念广场环境景观设计、校园广场环境景观设计；
文化广场环境景观设计、商业广场环境景观设计、旧广场环境景观改造设计。

1. 文字设计。要求学生们自己策划安排一些活动项目和设计内容，以丰富和完善整个广场空间，以文字形式表达出来，并且明确提出方案的设计构思和指导思想，字数不限。

2. 图面设计。设计图纸包括总平面图、平面图、立面图、剖面图、分析图、雕塑或标志物图纸（平面图、立面图等）、表现图和设计说明。

第一阶段：第一次徒手铅笔草图（总平面图、平面图）和第二次徒手铅笔草图（总平面图、平面图、立面图、雕塑或标志物图纸），制作工作模型。

第二阶段：仪器草图（总平面图、平面图、立面图、雕塑或标志物图纸、分析图）或者用计算机绘图（方案修改和深入），制作雕塑或标志物模型。

第三阶段：用墨线绘出正式图纸（总平面图、平面图、立面图、雕塑或标志物图纸、分析图、设计说明）及表现图（表现方式不限），或者用计算机绘图。

3. 图纸要求：A1×3张或A1×2张。

（四）学时分配

1. 文字设计：4学时。
2. 图面设计：52学时。

（五）考核标准

1. 立意新颖，具有创新性。
2. 符合景观设计规范。
3. 图纸规范，表达明确。

二、课程阐述

为使艺术设计专业的学生能够获得较全面的锻炼和实践，景观艺术设计课程在内容上囊括了音乐广场环境景观设计、站前广场环境景观设计、公园广场环境景观设计，水景广场环境景观设计、纪念广场环境景观设计、校园广场环境景观设计，文化广场环境景观设计、商业广场环境景观设计、旧广场环境景观改造设计等不同的课业练习，同时融合规划设计与公共艺术课程，培养学生兼具宏观掌控与微观处理的能力。

在教学方法上，该课程分为"务虚"与"务实"两个阶段。在"务虚"阶段主要以概念设计为主，诸如通过假题真做的方式在设计理念上鼓励学生开拓思维、大胆创新，尽可能不束缚学生的创造性。在"务实"阶段通过真题真做的训练，一方面不仅使学生的设计趋于规范化，另一方面也培养了学生如何在满足诸多设计限制的情况下仍能较好地保障设计师原创性的能力。

在课程创新方面，坚持以广义设计理念为指导，探索作为"理科美术"的景观艺术设计与相关学科的融贯。使学生充分认识到景观艺术设计的意义不仅在于对环境的美化和妆点，同时也是维系人与环境、社会的纽链，是场所精神和地缘文化的体现。

三、课程作业

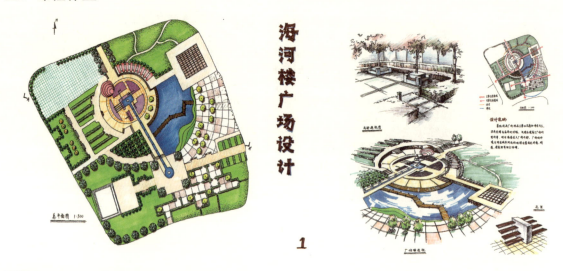

评语：

将面向主干道张自忠路的围墙打开，便于海河道路一侧的市民向广场内观赏，并满足广场内游客对海河的观赏要求，构成动静良好的格局。各个小广场主次分明，布局合理。大面积的绿地和树木调节小气候，充分考虑了四季对广场的影响。不足之处是广场过于庄严，缺乏和周边环境的联系。在表现上，绘画手法严谨，思路表达清晰，造型刻画准确，色彩组织恰当。

评语：

方案设计空间划分合理，流线按照基地轴线分布，清晰流畅，以方形为主要元素，构图完整统一，与其他元素巧妙结合，丰富多变不失趣味。中心广场和其他音乐广场巧妙衔接。在表达上，造型准确，颜色丰富清晰视觉上饱满完整，但透视图表现力不够。

评语：

　　一条主轴线沿玉皇阁设置，把广场分为玉黄阁和水广场参观线两个部分。另一条轴线将以上两个部分连接起来，形成较为完整的空间方向布局。局部的高差设计为视觉和行进体验提供了丰富的层次。不足之处是缺乏与周边传统街区现有环境的联系。在表现上，图面表达清晰，细节完整。遗憾的是平面图比例表达不够准确，缺少立面图。

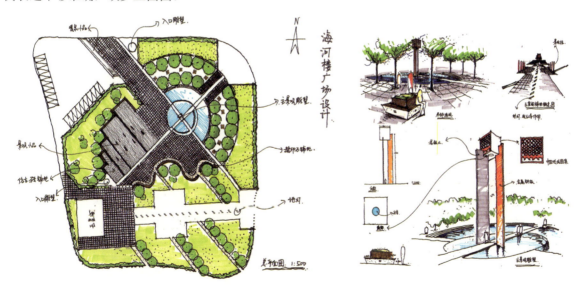

评语：

　　该方案设计平面空间划分合理，在空间形态处理方面，利用以一个圆形要素为主的水池作为视觉中心。同时利用路径将各个空间有机结合，从而创造丰富多变的空间格局。使用统一材质联系玉皇阁和周边广场，雕塑既充满现代感又不失传统韵味。在表达上，设计结构严谨，构图完整，手法娴熟，能较好地表达设计意图，但建筑方面透视比例欠准确。

课程名称：**江南民居测绘**

主讲教师：**俞青青**
女。1982年1月8日生于杭州。中国美术学院景观系教师。2004年至2006年就读于浙江大学，获硕士学位。2006年至今在中国美术学院景观系任教。

一、课程大纲

（一）课程目的与要求

本课程是景观专业的必修课程，该课程系统地介绍植物造景的基础知识、基本理论和关键技术。通过理论学习和实践训练，旨在让学生对植物造景理论有一个系统的了解，掌握常见植物造景手法，为以后从事植物造景实践打下良好基础。

（二）本课程要求学生了解并掌握以下内容

①植物造景发展概况；②植物景观设计原则；③植物景观设计基本原理（美学、生态学、人性化）；④植物景观设计一般技法（植物空间设计、植物平面布局、植物立面构图）；⑤植物景观设计程序及图面表达。

（三）本课程在课外调研方面的要求

1. 通过实习，掌握植物景观营造时不同的空间类型及植物材料搭配的经典模式，并表现在图纸上（包括植物造景案例分析图、植物景观空间类型分析图以及植物材料搭配分析图）。
2. 将调研报告在课上陈述并讨论。

（四）课程计划安排

章节	内容	总课时	讲授课时	习题讨论课	实习课时
第一章	植物景观设计概论	8	4	4	0
第二章	植物景观设计基础训练	12	2	4	6
第三章	植物景观设计实践	16	4	12	0
合计		36	10	20	6

（五）课程作业要求

1. 作业之一：植物造景案例分析

要求：学生从教师指定的8个案例中任选1个进行案例分析，分析植物景观设计理念及其具体运用手法，并在课堂进行陈述和讨论。

2. 作业之二：植物景观空间类型分析和植物材料搭配分析

要求：通过资料查阅及户外实习，掌握植物景观营造时不同的空间类型及植物材料搭配的经典模式。

3. 作业之三：植物景观设计

要求：通过植物景观设计训练，理解植物景观设计构思、植物景观空间安排以及具体植物材料的应用等具体过程，掌握植物景观设计图纸的表达方式。

作业上交形式：

①植物景观设计案例分析（1张A1）；②植物景观分析册（A3，包括植物景观空间类型分析和植物材料搭配分析）；③植物景观设计（植物景观设计总平面图1：300、乔灌木种植图1：300、地被植物种植图1：300各1张）、立面图/剖面图2~3个、局部效果图3~4张，以及设计说明和苗木表）。

二、课程阐述

该课程特色主要体现在如下几个方面。

（一）围绕作业展开教学

作为一门理论联系实践的专业课，充分发挥学生的学习主动性，加强师生互动显得颇为重要。为此，将课程教学过程分成三个环节，每个环节围绕相应的作业展开，尽量缩减理论授课时间，更多地将理论知识融入到作业讨论中，从而使学生的角色由被动听课变为主动提问。同时，为了完成相应作业，学生开始主动查阅资料，主动思考，主动提问，教学效果非常显著。

（二）突出植物景观空间设计内容

植物在景观中除了具有美学、生态功能外，还有建造功能，不同的配置方式可以形成不同的空间，给人不同的感受。由于艺术类院校学生往往具有较强的表现力，对植物景观的视觉效果较为关注，从而在植物景观设计时过于注重平面构图效果，而忽略了不同植物的自身特点以及植物景观空间类型的变化。因此，通过在教学中注重强化植物景观空间设计部分，专门布置植物景观分析作业（包括植物景观空间分析和植物材料搭配分析），使学生通过对现有植物景观的分析来强化其对于植物景观空间类型和尺度的把握，为日后具体的植物景观设计实践奠定了良好基础。

（三）强调案例教学

艺术类院校的学生往往形象思维较强，而理性思维偏弱。为此，在教学过程中，注重以案例为核心，先引起学生的兴趣和感性认识，进而激发他们对于理论的思考，取得了不错的教学效果。

思考：目前教学内容的时间安排上过于均衡，今后应侧重对于植物空间和植物材料搭配上的训练，方式仍然值得探讨，比如可融入对经典植物景观的测绘，看似一个比较机械的工作，对于学生尺度感的培养大有帮助。此外，计算机建模是否也可以结合到植物景观的分析之中值得进一步研究和探索。

三、课程作业

评语：

天津桥园位于天津市河东区卫国道立交桥边，占地22公顷，设计者为俞孔坚先生。该组学生的分析以生态和乡土为出发点，就设计理念、设计分区、设计手法几个层面进行了梳理，总结出植物景观设计中具体的生态措施，如群落取样、高台沉床中的幼苗密植及乡土草本植物的大量应用等，对于当下植物景观设计具有很好的启发性和借鉴意义。同时，学生们并没有"迷信"大师的设计，而是就生态层面展开了深入的思考，如应用大量乡土草本植物后，怎样避免冬季景观的萧条，小苗密植后植物景观的维护等。

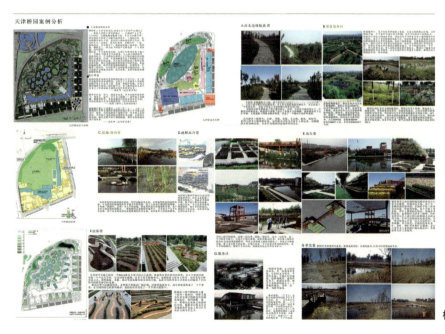

植物配置案例分析1

植物配置案例分析2

评语：

　　花港观鱼公园地处杭州苏堤南段西侧，是我国著名风景园林大师孙筱祥先生于1954年设计的，经过半个多世纪的演变，园内的植物景观已日臻成熟，是植物景观设计学习与研究的经典范例。该组学生的分析围绕植物景观设计的过程展开，从立意的"花"和"港"到牡丹园、疏林草坪、红鱼池、丛林等各分区的特色及植物材料的选择和组织。值得肯定的是该组学生在课程第一环节已经开始关注植物景观空间，在调查园内植物种类的基础上对主要植物空间类型进行了梳理归纳，并总结出相应的植物群落配置模式。从总体上看，分析思路清晰，重点突出，是一个较好的作业。

植物造景基础训练

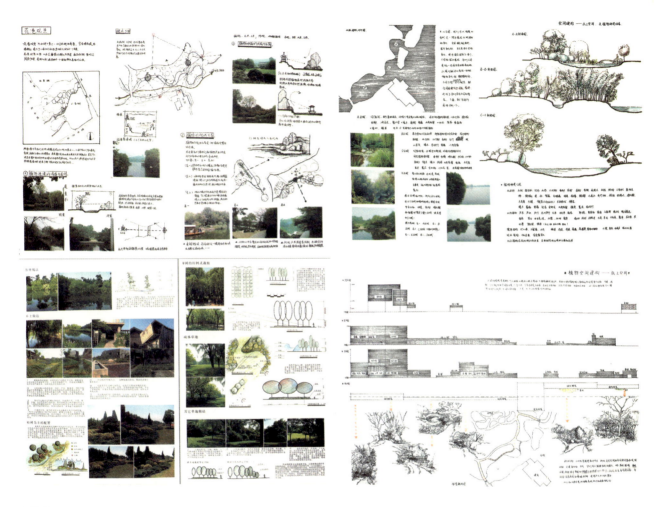

评语:
　　在植物景观设计分析中,学生们从自身视角出发,结合不同图示语言对经典植物景观图片和实习中的植物景观实景进行分析、归纳、总结,思路清晰明了。

植物配置设计1

植物配置平面图

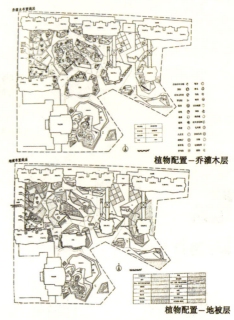

植物配置—乔灌木层

植物配置—地被层

植物景观空间分析图

评语：

该学生的设计场地是上一门课——"居住区景观设计"中的一部分，在设计中最突出的一点在于学生对自然的尊重和细致的观察。虽然在设计中对于植物材料的选择和具体配置过于理想化，但就设计立意和设计过程而言，这仍然是一个十分值得肯定的方案。此方案主要突出山林和农业景观，确定主题后，该学生特地对梅家坞（从中天竺法净寺至外大桥沿路山林）一带进行了实地踏查，并结合文献总结了多种生长稳定的植物群落类型。同时，通过对中国美术学院象山校区现有的农业景观及下乡时拍摄的相关照片，对农耕文化及植物景观进行了梳理。此外，还结合平日对昆虫的观察，根据植物和昆虫的寄主关系设计了蝴蝶飞舞的景观。总体而言，该学生的植物景观设计，不仅着眼于植物材料美学上的组织，而且兼顾了植物与自然的关系、植物与文化的关系、植物与动物的关系，这种多角度分析问题的思路在植物景观设计中是非常重要而必须的。

剖面图1　　　　　剖面图2　　　　　剖面图3

植物配置设计2

场地分析图　　交通分析图　　功能分区图

抗污染树种选择　　　　　　　　　　　场地立面改造对比图

植物配置平面图

评语：
这是一个改造设计，场地位于杭州钱江一桥北面西侧。该组学生在设计的过程中，没有单纯地玩构图，追求图面效果，而是从场地分析开始，在现有对植物及景观调研的基础上，通过对内外交通、人们活动需要的分析后，提出问题，在不断解决问题的基础上形成方案。总体而言，这是一个设计过程比较完整的方案，虽然没有太多吸引眼球的东西，但其朴实的设计思想和过程还是十分值得肯定的，这也是一个设计师必备的品质之一。

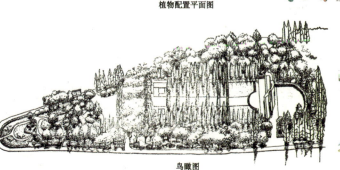

鸟瞰图

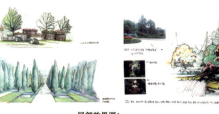

局部效果图1　　局部效果图2

课程名称：**四川美术学院场地规划设计**

主讲教师：**韦爽真**

女。1974年生于重庆。四川美术学院设计艺术学院环境艺术系副主任。

1994～2001年就读于四川美术学院，获硕士学位，2001～2009年在环境艺术系任教。

一、课程大纲

（一）课程目的与要求

本课程是环境艺术专业的专业必修课程。场地设计的核心工作是如何处理基地和如何组织场地中各项内容的问题。

（二）本课程要求学生掌握以下内容

1.通过介绍场地与城市的关系，建立学生严谨和理性的对待场地的设计态度；能以正确的方法解决基本的场地问题。

2.针对环境艺术对于景观设计的感性认识，启发学生以创造性的眼光赋予场地新意的专业素质。

（三）课程计划安排

教学第一阶段计划安排

第一周	理论讲解： 理论讲解场地设计的概念、相关的属性、学科背景及其制约因素，建筑规范，介绍场地。 查阅储备： 实际查阅小尺度场地的案例，了解其形成过程及其制约要素
第二周	规范讲解： 讲解日照卫生间距，转弯半径，道路建筑广场的起点、变坡点、终点的设计标高，注明尺寸单位、比例、图例等技术指标。 考察记录： 考察一个场地示范点。明确设计任务。
第三周	图纸讲解： 分别讲解以下图纸规范与要素。绿化布置图；交通分析图；景观分析图。 场地布局和界面细节等相关专业技能进行介绍，期望获得现实性的进展，使其符合场地设计的相关规范，让学生明白一块场地不是随意设计的结果，训练其在设计过程中的严谨态度。
第四周	案例分析： 代表性的讲述场地规划案例，着重分析和强调场地规划中的理性思考及其在与城市环境中的规范与合理性。 评述建议： 针对学生的一草方案进行评述，指正其思考的优势以及给出在处理具体问题时的建议。
第五周	模型分析： 针对场地规划成果，按照比例制作模型。通过模型的检验过程，进一步熟悉和认识场地的要素及规范。

教学第二阶段计划安排

第一周	案例切入： 在场地设计1理性思考认识的基础上，直接引入案例项目作为设计的切入。通过个人对场地的认识，体会场地设计的多解性。项目背景和相关要求的介绍。 带入项目场地，考察与分析项目的特点和切入点。
第二周	案例启发： 经过课堂相关案例的比较和引导，分组阐述自己的创作观点和理念。同时课堂内讲述方案创作的方法以及制作汇报文件的方法。
第三周	案例解读： 通过对代表性场地的解读与引导，说明设计手法的多样与多解。结合环境艺术设计的专业特征，从理性严谨的场地态度进一步深化到主题性、表现性和多维性的思考中。
第四周	案例表达： 针对个体对场地的认识，鼓励个性化的表达方式，完成完整的项目ppt汇报文件。

（四）课程作业要求

1. 第一阶段

(1)现场分析与功能分析图。将考察、分析的成果形成方案成果进行汇报。正草定型。要求设计任务明确、分区合理、道路布局紧凑。作业形式为ppt汇报文件。

(2)制作图集要求。在上周的汇报基础上形成总平面布局方案，并作出相关的分区图、道路分析图、景观分析图。要求符合相关技术规范，并绘制总平面图。作业形式为A3CAD图集与效果图集。

(3)完成场地模型制作。建筑与场地尺度合理，道路、绿化、设施配套表现完整。作业形式为A2幅面的模型制作。

2. 第二阶段

(1)完成概念找寻的推导，形成ppt汇报文件。要求理由充分、富有逻辑。

(2)在确立概念的基础上，明确设计倾向，并完成个性化的图面表达。要求符合对项目案例的理解，设计具有创造性。作业形式为ppt汇报文件。

二、课程阐述

场地规划设计是环境艺术设计专业景观设计方向的专业主干课之一，也是其他专业设计课程的基础。作为基础课程和前期课程，在教学时段上分两个阶段分别设置在二年级下和三年级中。（图1）

场地规划与设计课程是规划与建筑专业的传统课目之一。一方面，随着环境艺术设计专业与相关专业的密切联系，在环境艺术设计专业内设置该课程有其紧迫性与现实意义。其课程内容对于指导学生建立规划意识、整体意识、规范意识都是非常有用的。另一方面，环境艺术专业有其突出的创造性、艺术性、个性化特征，从文化、艺术、生态等各个层面引导学生开发对场地多样化的认识和体验场地也是很有必要的（图2）。

图1：场地设计与其他专业课程之间的关系图

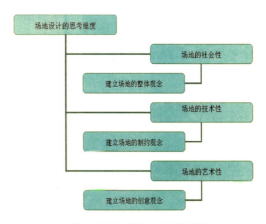

图2：场地设计的教学思想

基于以上的认识，该课程的两个时段的教学有不同任务和内容（图3）。

场地设计1：侧重理性的认识，规范的建立。作业侧重规范图纸为主，要求具有整体性。

场地设计2：侧重感性的发挥，阐述的多样。作业侧重对于事物的描述和意向的寻找。

事实上，在设计教学的初级阶段，学生离不开一个根本的原则和基本的认识，这些是只有教师能先行完成的部分，但同时，必须由学生完成自我的体验。这两部分是相辅相成的，同时也充分体现出环境艺术设计专业的活力与特色。

课程的目标有两个不同的侧面。在教学方法上，在保留传统的以教师为主体讲述课程的方法基础上，在第二阶段中导入案例，以学生的认识为主体，使课程保持教学思想的完整和师生认识的充分沟通。

第一阶段是建立对事物基本认识的阶段，教学以教师的讲解与引导为主。教师给与基本概念、示范模板、优秀案例等，讲述的主体是教师。

第二阶段是完成案例的体验阶段，教学以学生自我体验、概念找寻为主。学生要完成对背景资料的分析、概念的确立，设计手法的选择等工作，教师充当引导、建议的角色（图4）。

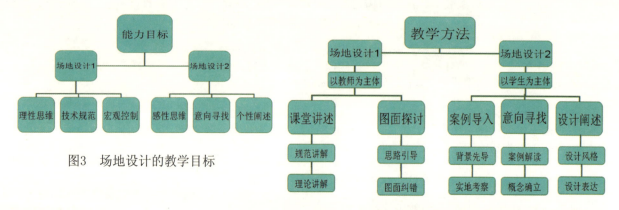

图3　场地设计的教学目标

图4　场地设计的教学方法

场地设计1

关键词——认识场地，场地控制，现场要素，区域要素，特征差异。

场地设计2

关键词——体验场地，功能的需要，人群的需要，景观的需要，文化的需要。

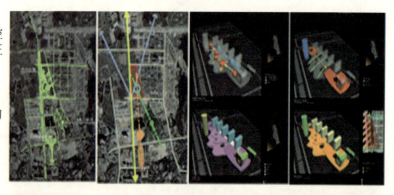

三、课程作业

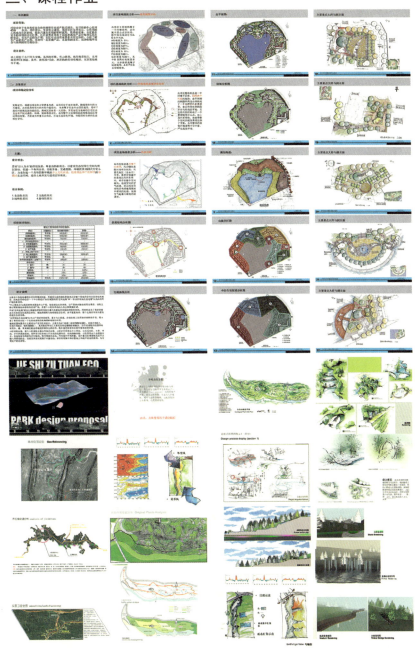
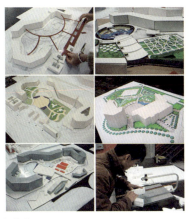

评语：

　　作品较完整地体现出场地设计第一阶段的教学要求。有几点值得学习的地方。

　　1. 能针对项目的具体要求和经济指标，实施设计手段，宏观把握场地的属性。

　　2. 在具体的分析场地的相关要素上较为完整。

　　3. 图纸齐备，表现充分。

评语：

　　作品体现出场地设计第二阶段的教学要求。有几点值得学习的地方。

　　1. 能准确地把握场地的特征，项目的性质和倾向。

　　2. 在分析阶段，概念一步步清晰，这样的推导和演绎的过程传达得有条不紊、逻辑清晰、结构性强。

　　3. 在表现阶段，设计者大胆地发挥出了对方案的准确定位，用个性化的表达语言进行阐述，使方案表现完整、生动。

　　从整体的作品构思、分析、表现可以看出该作者能领悟教学的思想，能把握和控制设计的进程，更难能呢可贵的是，这不仅仅体现出了环境艺术设计专业总体协调的整体控制能力，也反映了擅长创意、思维大胆的艺术化特质。

课程名称：**广西龙脊梯田SMH项目——School Mix Hotle**
主讲教师：**王中石**
副教授。任教于广州美术学院设计学院建筑与环境艺术设计系。中国建筑学会室内设计分会会员、专家委员会委员，广东省环境艺术设计行业协会副会长。

一、课程大纲

（一）教学目的与要求
1. 希望小学功能需求。
2. 小型体验式酒店功能需求。
3. 学与酒店的有机组合，相互促进，相互合理对话。
4. 地域文化的新诠释。
5. 要求完成深度达到建筑设计方案阶段。

（二）教学内容提纲
设计研究梯田环境下特色居住体验环境；教学与学习需求与酒店的和谐；低能耗与地域性的设计原则；人文因素研究等课题研讨。

（三）教学方法手段与教具
龙胜龙脊梯田选址考实调研，记录当地气候、环境、人文等因素作为该项目的设计依据。

（四）作业或作业量
前期阶段：完成区域体块模型、影像、分析图、草案；中期阶段：完成概念方案、概念模型；最后阶段：完成展板、A3文本、建筑模型（根据毕业设计展览要求）。

教学进程表	第一周	2009年2月23日 • 去广西龙胜龙脊梯田考察调研	第二周	• 整理调研资料与分析，对选址区域进行地图绘制	第三周	• 区域体块模型，建筑平面构思
	第四周	中期阶段： • 空间研究深化。 • 概念模型	第五周	• 立面概念。 • 室内方案。 • 景观方案	第六周	中期汇报： • 展示中前期成果。 • 小结、整合中前期工作
	第七周	深化设计阶段： • 完善建筑各项指标。 • 深化室内及景观设计	第八周	• 建筑分析图。 • 平面、立面、剖面图制作。 • 模型制作	第九周	• 建筑分析图。 • 平面、立面、剖面图制作。 • 模型制作
	第十周	• 建筑空间效果图制作。 • 模型制作	第十一周	• 模型制作与展览前期准备	第十二周	• 整合完善阶段
	第十三周	• 评分 • 展览	第十四周	• 展览	第十五周	• 展览 2009年6月5日

二、课程阐述

　　09毕业设计课题，以"生态型公共建筑空间，注重地域性、人文因素为设计原则"以真题假做的形式，实际地点选址，记录当地气候、环境、人文等因素作为该项目的设计依据。应具有关注问题、发现问题、解决问题的能力，通过设计的方式表达设计的观念。

　　广西龙脊梯田SMH项目（Shool Mix Hotel）是"希望的阶梯"的提议，提出一个较好的利用地域资源，提升对"希望小学"的关注。广西龙胜瑶族自治县和平乡平安村龙脊山希望小学项目有自身的特殊性，以梯田这个特殊的地理环境，带动游客来关注希望小学这种模式，而达到希望小学"持久希望"的目标。

特色的梯田作为设计的背景
+
合理的本土化、特色希望小学建筑设计
=
别具特色的、意义深远的、设计味出众的毕业设计

　　通过重新思考景观资源的方式、特殊地貌及内在联系，产生游客与学校新的对接。将单一的希望小学、单一的旅馆转化为有机的关系，对希望小学的资助模式，形成新的设计方向。可思考的空间非常宽广和具有意义。梯田、旅馆、希望小学成为可持续的模式。更多地"体会爱心、思考关注"，同时体现一种设计态度，一种良好的设计师心态。

　　分析空间形态与行为模式的关系、学校与旅馆的主从关系，尽可能减少用地与学生活动的有效设计，尽量少影响环境，尽量利用当地资源与技术措施，尽可能将负面影响加以思考……能有效地回应问题的挑战，达到一种合理的状态，形成初步建筑设计概念。

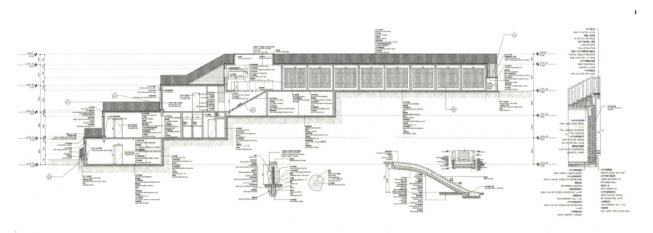

三、课程作业

广州美术学院设计学院建筑与环境艺术设计系

钟鸣　夏艺伦　杨杰青

评语：
　　毕业设计课题，最重要是激发学生的情绪，使其有热情去做好一项设计。"希望的阶梯"设计组的同学抓住了切入点，找到了解决问题的方法，用紧贴地域的设计手段营造空间，使毕业设计做到亲切、感人。

课程名称：**毕业设计专题三校联合毕业设计营**

主讲教师：**杨岩**

广州美术学院设计分院建筑与环境艺术设计系系主任、副教授，高级环境艺术设计师，高级室内建筑师，广东省装饰行业协会专家成员，《装饰》DECO会刊专家编委成员，广州新电视塔专家咨询组成员，人民日报广州房地产羊城八景专家评委成员，2006"金羊奖"羊城十大设计师。"07毕业设计营"策划人。多年来从事教、科研和系学术主持与教学管理教改研究。

陈瀚

广州美术学院设计分院建筑与环境艺术设计系讲师。2002年毕业于广州美术学院设计分院环境艺术设计系，获学士学位。2006年毕业于广州美术学院设计学院建筑与环境艺术设计系，获硕士学位，同年留校任教于广州美术学院设计学院建筑与环境艺术设计系。2007年赴意大利、法国、德国交流学习。致力于人机界面以及商业空间设计的研究与实践。

一、课程大纲

（一）教学目的与要求

锻炼学生综合应用专业知识与技巧的能力；帮助学生了解当今的设计观念和组织形式；培养学生对实际项目进行原理分析、独立创意、独立深化并进行整体统筹的能力。

拓展现有的建筑与环境艺术设计专业界限，使空间设计从方案前期的设计调研着手，并从空间策划出发对具体方案进行具体方向指引，通过设计条件的前期设定，为空间中各项设计提供合理的程序、建构以及限定条件，使之更符合目标人群的使用需求和具有可实施性的方案特点。从而探讨建筑和室内空间一体化设计以及在居住、商业空间中运用的可能性。

（二）课程计划

第一周：现场调研；第二周：调研资料整理；第三周：区域体块模型、分析草图，平面构思；第四周：空间研究深化、概念草图及模型；第五周：立面概念、室内及室外环境方案；第六周：中期汇报；第七周：完善设计的各项指标、深化设计方案；第八周：平、立、剖制作；第九周：深化设计制作、模型制作；第十周：效果图制作；第十一周：模型及排版制作；第十二周：整合完善阶段。

（三）课程作业及考核安排

1. 小组设计部分

①课题的调研报告、策划报告，包含设计条件、设计管理文件的制定（整理汇编成册，提供可编辑的原文件）；②小组工作日记；③研究论文；④各阶段的设计文件（图纸、模型等）；⑤毕业设计展览表达；⑥小组工作成果需制作毕业展览用途以及参赛用途两种排版文件（参赛用途的排版与学年奖的排版对接）

2. 个人设计部分

①个人设计概念方案；②小组当中个人工作部分（个人工作日记及工作成果，集合成册）。

二、课程阐述

此次三校联合毕业设计教学由广州美术学院发起，三校从2008年10月酝酿至今，这是很久以来美术院校间建筑与环艺设计教育的首次联合教学。中央美术学院、上海大学美术学院、广州美术学院，地处北京、上海、广州，各自有着不同的地域文化背景，不同的办学历程、办学理念和价值定位，专业教学方面有着各自不同的风格与特色，对同样的问题会有不同的认识、不同的解决方案、不同的操作模式和不同的结果，这也是此次活动的价值所在、期待所在。这将是一次学校之间展示差异、发现差异、理解差异的机会，在差异中我们交流、思考、判别、学习与提高。

"真题假做"是毕业设计教学操作里常用的手段，选择一个实际项目作为选题，"假"可以意味着方案不指向实施，但仍以业主的意见、项目的实际需求为评价标准的参考；"假"也可以定义为超前于设计实践的研究性设计，以设计为手段，对设计方法、设计逻辑、设计过程的研究，由此衍生出来的学术成果投入到实际商业运作中而产生新的价值；毕业设计教学要探讨如何培养学生有更充分的专业适应能力，去完成即将面临的飞速变化的实际社会中的设计实践；也要探讨如何鼓励学生在最后的专业学习中开拓自己专门的研究兴趣，向着更高的专业追求迈进。

三校一致认为有必要在毕业设计教学中，拓展现有的建筑与环境艺术设计专业界限，探讨规划、建筑和室内空间一体化设计的可能，构筑设计理论与设计实践的桥梁，实践适应网络时代、信息社会的全新教学方法，探索激励学生创作激情的操作途径，并希望集合各界的资源和力量，通过院校与社会间的互动，产生全新的产学研结合的教学模式。毕业设计是学生在学期间专业学习的高潮与总结，也是未来专业人生的开始与起步，希望三校联合毕业设计这段经历，成为参与其间的学生回顾人生时的重要片段之一。

主办院校：中央美术学院、广州美术学院、上海大学美术学院。
协办单位：中国建筑工业出版社。
媒体支持：《建筑创作》、《建筑知识》、《时代建筑》、《城市中国》、《di设计新潮》、《照明设计》、《室内设计（美国）》、《DOMUS》、《ABITARE住》、《室内设计师》。
网络媒体：视觉同盟、设计在线、搜狐网。
项目网站：http://sxdesign.5d6d.com。
项目策划：傅祎，中央美术学院建筑学院副院长、副教授。
　　　　　杨岩，广州美术学院设计分院建筑与环境艺术系主任、副教授。
　　　　　王海松，上海大学美术学院建筑系主任、教授。

师生团队：
学生：中央美术学院建筑学院室内设计、景观设计专业本科毕业班学生15人。
　　　广州美术学院设计学院建筑与环境艺术设计专业本科毕业班学生17人。
　　　上海大学美术学院建筑系本科毕业班学生9人。
指导教师：中央美术学院：傅祎（副教授）、丁圆（副教授）、韩涛（讲师）。
　　　　　广州美术学院：杨岩（副教授）、陈瀚（讲师）。
　　　　　上海大学美术学院：王海松（教授）。

顾问团队：
谭平：中央美术学院副院长、教授。
赵健：广州美术学院副院长、教授。
吕品晶：中央美术学院建筑学院院长、教授。
汪大伟：上海大学美术学院常务副院长、教授。
林学明：广州集美组室内设计工程公司、教授。

此次联合毕业设计教学决定三个学校各出一个课题，由本校学生完成前期基地调研，基础资料和图纸整理工作，在三校联合毕业设计专门网站上发布。相同的选题有不同的学校师生参与。各校基于自拟的业态规划和各自的设计策略，对用地和空间进行规划，考虑不同的专业方向，对课题进行再解读，提出最终的设计目标。

课题一：北京751时尚创意产业园区内大型煤气储罐改造设计
紧邻北京大山子798艺术区的751工厂是国家"一五"期间重点建设的156家骨干企业之一，曾经承担北京市三分之一的煤气供应任务。"煤改气"使751工厂逐渐淡出了历史舞台，于2003年正式停产。而今，这座有着50年历史的老厂亮出了自己的新名片——"北京751厂D-PARK时尚设计广场"。

在751时尚创意产业园区内，有两座已停止使用的大型低压湿式螺旋式升降煤气储罐，其中一座由直径72米敞口圆筒形钢水槽和能升降运行的塔1、塔2、塔3、塔4和塔5（钟罩）所组成，气柜升起后总高57米。有效容积16.6万立方米。此次课题以其为对象，探讨在地区现状和未来发展方向基础上的业态的功能需求策划与定位，在利用和保留现有构筑物的形态特征上，研究对其进行空间改造利用可能性；并提出相应的空间计划，深入到单体空间进行设计，对细部节点构造有所考虑。

建议相应业态的功能需求定位如下。
1. 艺术家或设计师创作与交流，作品展示和交易的场所。
2. 生活艺术品牌产业链终端场所，如展示销售、品牌会所、设计酒店、剧院画廊等。

课题二：广东三水区老鸦洲景观建筑规划与设计

三水区位于广东省中部，珠江三角洲西北端，因西、北、绥江在境内汇流，故名三水。位于三水区的老鸦洲基地约398648平方米（597亩左右），岛上有70余户村民，有一般的种植，大部分由于交通、生活不便，已迁出。课题旨在研究潜在洪涝灾害地区的适应性景观建筑规划与设计。要求面对周期性的洪汛，提出如何通过设计有效利用灾害性土地的策略（迁徙——回归、随环境而改变）；充分利用当地自然气候和景观条件，考虑对水资源、河堤、湿地、原生植物条件的利用，以及对当地历史文化背景的设计理解；同时培养学生面对设计项目时的产业策划与商业价值开发的能力。课题建议考虑如下功能定位：①居住功能：固定人居建筑、临时建筑、装置型建筑；②文化教育功能：环境问题及应对策略教育中心，能源、环境类学科实验研究基地，企业培训基地；③产业功能：生态旅游、疗养区，生态农业种植区；④按其他功能设计的适应此基地具体地理及环境的内容。

课题三：上海宝山滨江地区上棉八厂改造设计

上海第八棉纺织厂筹建于1919年，至今仍完好地保存了原厂不同历史时期建造的各式建筑和工业设备，其中部分被列为受保护的历史建筑，记录着中国民族纺织工业发展的历史。上棉八厂改造项目是宝山滨江地区新一轮发展的亮点，宝山滨江地区规划的重点是建造一个国际化的邮轮母港，在世博会期间，乘坐国际邮轮来上海参观世博会的外国朋友，可以在位于上棉八厂的游艇码头，通过邮轮转游艇的"水上换乘"方式到达外滩。

基地改建意向建议说明：①集中居住区域：对主厂房的改建目标必须为满足居住功能需求的方向。具体类型不限可以是集合住宅、soho、高档旅馆等。②辅助休闲区域：对主厂房前的多幢小型建筑建议改建目标为辅助休闲功能，满足游客和居民的需求。类型可以为小型博物馆、小型电影院、咖啡吧、茶室等。③游船码头区域：可以作为世博会游船停靠码头，区域内可以设立游客集散中心、高档商业中心、集中广场等。④绿化景观区域：作为主要绿化中心，与河对岸现有公园形成呼应，也可以沿河设置绿化景观带。绿地地下可以考虑做集中地下车库。

三、课程作业

评语:

该组同学通过针对该现场的考察及调研,以及对北江三水站的历史测量记录的整理,确立了迁徙与回归的设计主题。对于洪涝地区的人居环境这一具有一定现实意义的课题,课题组从老鸦洲周期性洪患所造成的居民生活问题以及构筑物本身的功能需求出发,通过对空间使用功能意义的重新划分,建构方式的重新思考,而着手进行再设计。目的在于使在此地区世代生活的人们再次回归到属于自己生活的地方;另一层面上,也令这一设计模式能够具有供其他类似于老鸦洲洪患条件、生产条件的地区借鉴使用的意义。

课程名称：居住小区（步行街区）规划与设计

主讲教师：虞大鹏

男。1973年生。1991年考入同济大学建筑与城市规划学院城市规划系。2005年获城市规划设计与理论方向博士学位。2005年起任教于中央美术学院建筑学院，并担任城市规划与设计教研室主任。

教师团队：虞大鹏、戎安、何崴、苏勇、李琳

一、课程大纲

（一）教学内容

用地面积约10～20公顷的居住小区修建性详细规划或结合历史街区保护、带有居住内容的步行街区城市设计。

（二）教学目的

通过本课程设计，使学生了解我国的住房制度，居住现状、居住标准以及历史街区的保护、步行街区的基本内容，掌握居住区修建性详细规划设计与步行街区城市设计的基本内容和方法，巩固和加深对现代居住区规划理论的理解、对城市居住区设计规范的了解；培养学生对城市公共空间敏锐的观察能力、对社会文化空间公平客观的支持态度，并能够运用丰富的专业知识和手段分析城市问题，建立和培养"以人为本"的设计理念和方法。鼓励参与者主动观察与分析城市现象，敏锐涉及城市发展动态和前沿课题，发掘城市文化背景，并以全面、系统的专业素质去处理城市问题。培养学生调查分析与综合思考的能力。

（三）课题阐述

提供10～20公顷的居住用地或者含有历史保护地段的用地一块，通过对不同居住形态的认知和设想，结合对不同居住人群的理想化设定，创造具备不同风格和特点的居住小区或者步行街区。

（四）教学要求

1. 认真收集现状基础资料和相关背景资料，分析城市上一层次规划对基地提出的规划要求，以及基地现状与周围环境的关系，并提供相应的规划说明、规划指标和设计图纸。

2. 提供规划的结构分析图，包括用地功能结构、道路系统及交通组织、绿地系统和空间结构等。

3. 分析并提出规划范围内部居民的交通出行方式、布局道路交通系统，确定道路平面曲线半径，结合其他要素并综合考虑道路景观的效果，必要时设计出相应的道路断面图。确定停车场的类型、规模和布局。

4. 针对步行街区：提出城市设计的整体目标和意图，确定建设容量，确定城市设计的基本要素。提出街区外部空间组织、天际线控制、景观开放空间等城市设计框架，包括建筑布局、绿地水系系统、交通系统组织和地下空间利用方案等。

5. 针对居住小区：选择或设计适宜的住房类型，设计适宜的住宅组群。住宅应功能合理、朝向良好，有良好的自然采光和通风条件。住宅组群应合理，并富有特色。以5～6层多层住宅为主，可根据需要适当安排部分低层以及小高层住宅，容积率控制在1.2～1.5。

6. 针对步行街区：分析基地居住形态，对现有住宅进行保护或改造，选择或设计适宜的住房类型，设计适宜的住宅组群。住宅应功能合理、朝向良好，有良好的自然采光和通风条件。住宅组群应合理，并富有特色。住宅层数及高度根据设计内容进行控制，新建、改建住宅要考虑日照间距，容积率控制在1.2～1.5。

7. 针对居住小区：分析并确定居住区公共建筑的内容、规模和布置方式。表达其平面组合体形和室外空间场地的设计构思。公共建筑的配置应结合当地居民生活水平和文化生活特征，结合原有公建设施一并考虑。考虑设置4班幼儿园一座，12班小学一座，其他酌情设置。

8. 针对步行街区：分析并确定本街区公共建筑的内容、规模和布置方式。表达其平面组合体形和室外空间场地的设计构思。公共建筑的配置应结合当地居民生活水平和文化生活特征，结合原有公建设施一并考虑。

9. 绿化系统规划应层次分明、概念明确，与居住区功能和户外活动场地统筹考虑，必要时应提交相应的环境设计图。绿化种植设计应与当地的土壤和气候特征相适应。

10. 鼓励同学在基地现状进行全面分析的基础上，结合本地区的自然条件、生活习惯、历史文脉、技术条件、城市景观等方面进行规划构思，提出体现现代住区理念和技术手段的、优美舒适的、有创造性的设计方案。

（五）作业标准

1. 针对居住小区规划

（1）规划分析图及必要的说明分析图（比例不限）。

（2）1：1000居住区详细规划总平面图。

（3）住宅单体设计（或选型）图。

（4）整体鸟瞰图或者整体透视图（A1图幅，表现手法不限，鼓励手绘，可选用水彩、水粉、丙稀等颜料）。

（5）局部环境设计意向透视图（手绘效果图）。

（6）总体成果模型，1：1000～1：1500。

（7）相应的文字说明。

（8）所有图纸均为标准A1尺寸（594毫米×841毫米）图纸数量应不超过3张（应首先保证教学要求的基本内容，附加图可以从第四张开始表现）。

（9）文件格式要求：除展板外，交电子文件一份，文件采用DWG以及JPG格式，JPG文件精度为300dpi。

2. 针对步行街区城市设计

（1）区域关系分析图（比例不限）。

（2）街区详细规划总平面图，1：1000～1：1500。

（3）重要节点建筑详细设计（平、立、剖面），1：200。

（4）重要节点环境详细设计（平、立、剖面），1：500。

（5）规划结构图等必要的说明分析图，如功能结构分析、空间系统分析、景观系统分析、绿化系统分析、道路交通系统分析等（比例不限）。

（6）建筑高度控制图（比例不限）。

（7）天际轮廓线规划图，1：1000～1：1500。

（8）整体鸟瞰图或者整体透视图（A1图幅，表现手法不限，鼓励手绘，可选用水彩、水粉、丙稀等颜料）。

（9）局部环境设计意向透视图（A4图幅，最少4张，手绘效果图）。

（10）总体成果模型，1：1000～1：1500。

（11）相应文字说明。

（12）所有图纸均为标准A1尺寸（594毫米×841毫米），图纸数量4～6张。

（13）文件格式要求：除展板外，交电子文件一份，文件采用DWG以及JPG格式，JPG文件精度为300dpi。

周次	内容	实施情况
1	布置题目、明确任务、收集资料	
2～3	设计辅导	完成一草（体块模型）
4～5	设计辅导	完成二草（体块模型）
6～7	设计辅导	完成正草（体块模型）
8	成果制作	完成正式成果

二、课程阐述

对于建筑学专业的学生而言，居住小区规划属于建筑学教学大纲的专业必修内容。近10年来，我国的住宅设计、居住区规划从理念到实践都在与时俱进地发展和变化，因此作为课程的居住小区规划必须跟上时代的节奏与步伐，结合人们不断变化的生活需求，不断调整教学思路，在立足于实际的基础上进行前瞻性的探索，使课程具备实效性、实践性以及实验性的特点。

通过本课程，使学生了解我国的住房制度，居住现状和居住标准，掌握居住区修建性详细规划设计的基本内容和方法，巩固和加深对现代居住区规划理论的理解以及对城市居住区设计规范的了解，培养学生调查分析与综合思考的能力，通过对不同居住形态的认知和设想，结合对不同居住人群的理想化设定，创造具备不同风格和特点的居住小区。

作为居住小区规划课程延伸，结合历史保护内容的步行街区城市设计是本课程的深化与衍变。我国是个历史悠久的文明古国，在很多城市依然保留着大量的传统住宅、文物建筑、特色空间、特殊空间等，也有大量近年建设的新标志、新建筑、新空间。如何在满足居民现代生活需要（卫生、日照、人均面积等）的前提下，和周边环境进行对话，创造能够保留、体现城市传统文化特色、传统空间特色、传统生活特色的空间环境，是课程的重点内容。同时，通过本课程培养学生对城市公共空间敏锐的观察能力、对社会文化空间公平客观的支持态度，并能够运用丰富的专业知识和手段分析城市问题，建立和培养"以人为本"的设计理念和方法。

在开始本课程之前，学生们已经比较系统地学习了城市规划原理、城市设计原理等相关理论课程，但在8～10周的授课时间内，如何能够深入浅出的将城市规划原理、城市设计原理的基本概念和基本原理、相关城市规划知识以及城市规划的体系、理论、研究方法、门类等传授、介绍给学生，并继而应用到具体的设计中，难度非常大，尤其对于结合了历史保护内容的步行街区城市设计而言，难度更大。对于缺乏相关城市规划知识与设计方法的同学们而言，本课程是一次重大的挑战。在教学方法和教学手段上，对授课教师提出较高的要求，实践证明，采用多媒体手段，通过放映大量的PPT、录像等手段，进行直观化、具体化教学是行之有效的，如果能增加具体项目的实地参观和考察，会更加有效地提高学生的认识和对知识的掌握与吸收程度。

三、课程作业

课题名称： 白塔寺地区城市设计
学生： 封帅　田立顶
指导教师： 虞大鹏

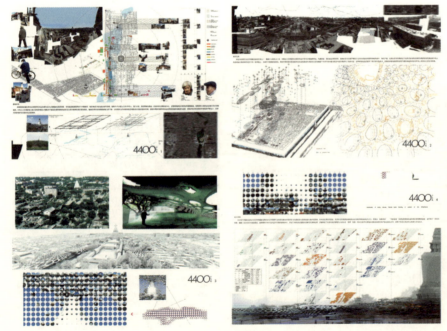

评语：

　　这是一个充满浪漫主义色彩的设计。设计者构思巧妙，在夸张的形态内里隐藏着对生活的深入观察与深刻思索，结合人的活动，通过"看"与"被看"的关系，营造出一个梦幻般的意境。作者将作品命名为《4400个白塔》，意为在不同的位置、不同的角度看白塔，白塔都是不同的，有步步生莲之禅意，妙极！

课题名称：太阳宫居住小区详细规划
学生：岳宏飞
指导教师：韩光煦

评语：
　　本课题基地位于北京太阳宫公园，靠近北四环与太阳宫路，交通问题是本课题的难点之一。设计者对小区结构、道路交通系统、景观系统、绿化系统等的考虑全面周到，较好地解决了基地面临的矛盾与难点。规划张弛有度，结构严谨，功能完善。尤为可贵的是设计者将自己的集合住宅设计课程与本课程进行了完美的结合，而不是简单地进行住宅选型，值得鼓励。

课题名称：天宁寺地区城市设计
学生：郑明璐
指导教师：苏勇

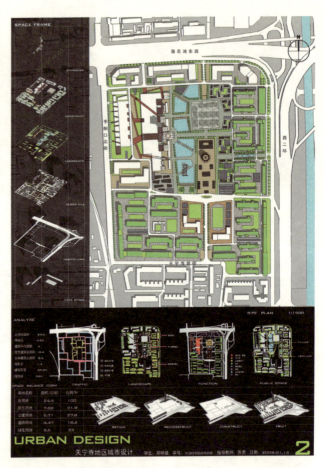

评语：
　　城市设计的目的是什么？仅仅是对城市公共空间的设计，抑或是对城市空间之下深层结构的优化吗？设计者从以上问题，提出了功能整合、空间梳理、交通分流的设计观念，创造了一个完全属于人类的城市空间；还原了天宁寺的原始面貌；转变了工业遗产的命运，激发了该街区的活力。对原居住区的改造，该方案也提出了居住空间的置换、转移、叠加策略，具有一定的理论和实践价值。